JN252948

秋の樹木図鑑

紅葉・実・どんぐりで見分ける約400種

樹木図鑑作家 林 将之 著

廣済堂出版

目次

はじめに

色とりどりに紅葉した葉が舞い落ち、どんぐりやおいしそうな果実が実る秋は、一年で最も人と木の距離が近づく季節といえます。本書は、落葉樹の紅葉と、秋に見られる木の実を中心に、冬芽、樹皮、常緑樹の紅葉、秋の花も含めて、秋の見所を満載した樹木図鑑です。

本書の大きな特長は、葉・果実・冬芽の写真に、実物をスキャナで直接撮影したスキャン画像を多用したことと、初心者でも直感的に木の名前を調べられるように、紅葉・黄葉の一覧表、果実の色別一覧表、どんぐりや松かさの一覧表を作成したことです。解説文は、興味のわく話題を提供することに重点を置きました。

小さなこだわりとして、学名の読み方、中国名、写真の撮影日と撮影地名を記しました。学名は世界共通の名前ですし、中国名を知ることで文化の違いも分かります。秋といっても９～12月まで長く、山奥と平野部では紅葉も１～２ヶ月ずれるので、本書の撮影情報が植物の季節を知るのに役立つはずです。環境問題が深刻化する昨今において、本書が自然への理解を深める一助になれば幸いです。

本書の使い方

本書は、果実や紅葉など秋の見所がある樹木約400種類（変種や栽培品種等を含む）を、落葉広葉樹、常緑広葉樹、針葉樹の３編に分け、葉の形態で並べて掲載しています。樹木を調べる場合は、以下の方法で掲載ページを探せます。

- 「紅葉・黄葉一覧表」から探す。
- 「果実・どんぐり・松かさ一覧表」から探す。
- 「目次」から葉の形態で検索する。
- 本文の「葉形インデックス」で検索する。
- 巻末の「さくいん」から名前で引く。

解説文は初心者でも分かりやすい表現を心掛け、専門用語は用語解説で解説しました。植物の分類は、最新のDNA解析によるAPG植物分類体系に従っています。学名（ラテン語）の読み方は、「ラテン語の実際的なカナ文字化（案）」（日本植物学会会報3, 1953年）に原則従っていますが、分野や国、言語によって読み方が異なる場合が多いので注意して下さい。

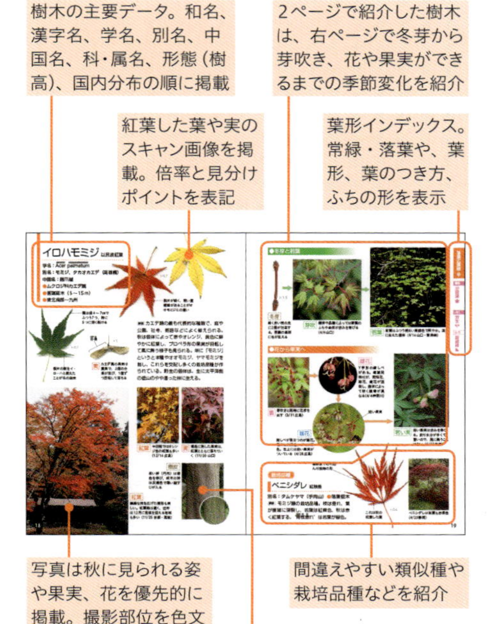

樹木の主要データ。和名、漢字名、学名、別名、中国名、科・属名、形態（樹高）、国内分布の順に掲載
2ページで紹介した樹木は、右ページで冬芽から芽吹き、花や果実ができるまでの季節変化を紹介
紅葉した葉や実のスキャン画像を掲載。倍率と見分けポイントを表記
葉形インデックス。常緑・落葉や、葉形、葉のつき方、ふちの形を表示
イロハモミジ
ベニシダレ
写真は秋に見られる姿や果実、花を優先的に掲載。撮影部位を色文字で記し、撮影日と都道府県名を原則表記
間違えやすい類似種や栽培品種などを紹介
樹皮や冬芽の特徴も積極的に解説

樹木にとっての秋

岩手・八幡平の紅葉（10/14）

私たちにとって秋とは、どんな季節でしょうか。食欲の秋、スポーツの秋、読書の秋、芸術の秋……さまざまなよい印象がある一方で、冬服や毛布、暖房を用意したり、野菜や果物、保存食を蓄えたり、枯れ葉色に変わる景色を見て侘び、寂びを感じる季節でもあります。

樹木にとっての秋も、実はこうした人間の感覚と似た面があります。

まずは果実。ブドウ、ナシ、カキなどに代表されるように、多くの樹木は秋に果実が熟します。果実は、葉の光合成で得た養分でつくる集大成であり、夏（光合成の活性が最も高まる）が終わる頃に完成するのは当然といえます。逆に、春一番に果実が熟す樹木は見当たりません。私たち人間が秋に食欲が高まるのも、こうした木々の果期に合致した本能と推測できます。

冬に向けた準備といえば、冬芽の形成があげられます。落葉樹は、冬の寒さに備えて、葉や細い小枝を落とし、春に開く葉や花を格納した冬芽をつくり、いわば冬眠状態で冬を越します。冬芽は夏の終わりにはほぼ完成しており、毛布の代わりに芽鱗や毛、樹脂で覆うことで寒さ対策を行っています。

常緑樹の場合は、丈夫な葉をつくって冬も光合成をし続けることを選択した訳ですが、若葉を出すのはやはり春〜初夏なので、冬芽を形成するのは同じです。

そして、秋といえば紅葉の季節です。紅葉とは、葉が枯れて落ちる前に、赤やオレンジ、黄色などに色づく現象です。主に落葉樹で見られ、落葉樹なら多少なりとも紅葉するのがふつうですが、中にはハンノキやヤシャブシのように、緑色のまま落葉して褐色化するものもあります。

一方、葉の寿命が１〜３年前後ある常緑樹でも、寿命を迎えた葉はしばしば紅葉します。ただし、常緑広葉樹の場合は秋よりも春に落葉することが多く、落葉樹のように一斉には落葉しないので、目立ちません。常緑針葉樹の場合は、秋に古い葉が落葉するものが多いですが、やや黄葉するかすぐ褐色化するので、華やかさはありません。

紅葉はいわば、一生を終える葉の最後の晴れ姿であり、私たちはその光景を見て「侘び」を感じるのでしょう。しかし、枯れて落ちるだけの葉が、何のために鮮やかに紅葉するのでしょうか？　一説には、樹木に寄生するアブラムシなどの害虫に、紅葉の赤色（糖分が多いほど赤くなる）で防御力の高さをアピールしている、ともいわれますが、正確な理由は分かっていません。

個人的には、人間に「美しい」と思わせることが、最大の効果のようにも思います。紅葉の美しさに感動して人間が自然を大切にすれば、木々の生存が現実的に保証されるからです。芸術の秋に、多くの人々が紅葉という自然のアートを堪能することを、木々は望んでいるのかもしれません。

紅葉のしくみ

紅葉の色づきには、気温、日照、湿度、雨量などが関係しています。昼夜の気温差が大きく、日当たりがよく、適度な湿度がある場所ほど美しく紅葉するといわれます。同じ樹種でも、温暖な都市部より山地の方が鮮やかに紅葉するのはこのためです。また、夏の十分な日照や適度な雨量、強風による傷や塩害が少ないことも大事といわれ、これらの条件が複雑に絡み、毎年の色づき方は異なるのです。

ではなぜ、赤くなる葉と黄色くなる葉があるのでしょう？　葉にはもともと緑色と黄色の色素があり、秋に緑色の色素（葉緑素＝クロロフィル）が分解され、黄色の色素（カロチノイド）が残った状態が黄葉です。同時に、葉の糖分から赤色の色素（アントシアン）が生成された状態が狭義の紅葉で、褐色の色素（タンニン）が生成されることは褐葉と呼びます。これらの色素の量によって、さまざまな色合いが見られるのです。

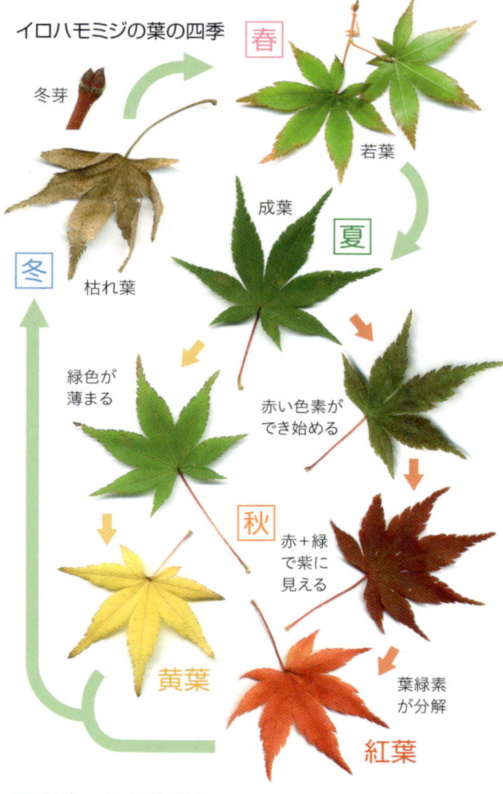

イロハモミジの葉の四季
春
冬芽
若葉
成葉
夏
冬
枯れ葉
緑色が
薄まる
赤い色素が
でき始める
秋
赤＋緑
で紫に
見える
黄葉
葉緑素
が分解
紅葉

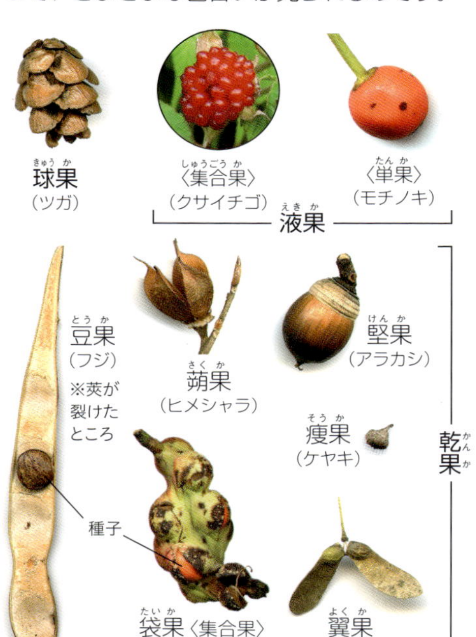

球果
（ツガ）
〈集合果〉
（クサイチゴ）
〈単果〉
（モチノキ）
液果
豆果
（フジ）
※莢が
裂けた
ところ
蒴果
（ヒメシャラ）
堅果
（アラカシ）
痩果
（ケヤキ）
乾果
種子
袋果〈集合果〉
（コブシ）
翼果
（イロハモミジ）

果実の種類

果実とは、子房をもった被子植物の実のことです。いわゆる果物の大半は、水分を多く含んだ液果です。それに対し、乾燥した果実は乾果といい、乾果のうち、どんぐりのように堅い皮をもつものを堅果、カエデ類のように風に舞う翼をもつものは翼果、マメ科のように莢に種子が入ったものは豆果といいます。ほかにも、裂けて複数の種子をこぼす蒴果、袋の中に種子が入った袋果、裂けずに種子のようにも見える痩果などがあります。これらの果実が複数集まった場合は集合果と呼びます。針葉樹（裸子植物）は厳密には果実はなく種子のみで、松かさ（松ぼっくり）は球果と呼びます。針葉樹でも液果状の種子をつける木もあり、本書ではまとめて「実」と表記しています。

葉の形態

樹木は、主に葉の形によって広葉樹と針葉樹に、冬に葉がすべて落ちるか否かによって落葉樹と常緑樹に分けられます。本書では以下の３グループに樹木を分けています。

落葉広葉樹

・葉は広く、薄く、明るい色
・秋に紅葉し、冬は葉が落ちる
・丸い樹形が多い
・寒い地方ほど多い

常緑広葉樹

・葉は広く、厚く、濃い色
・冬も葉がついている
・丸い樹形が多い
・暖かい地方ほど多い

針葉樹

・葉は針状やウロコ状
・大半は常緑樹
・三角形の樹形が多い
・寒い地方ほど多い

葉の形態から樹木の名前を調べるには、上記の区分に加え、以下の３項目に着目することが重要です。本書では、これらの項目をページ右端の葉形インデックスに記し、葉の形態ごとに樹木を並べているので、目次や葉形インデックスから掲載ページを検索できます。

●葉の形

不分裂葉
葉に切れ込みは入らない
葉身
葉柄
スダジイ

掌状複葉
小さな葉が手のひら状に並んで1枚の葉を構成する
アケビ

分裂葉
葉に多少なりとも切れ込みが入る
裂片
オオモミジ

三出複葉
3枚の小さな葉がワンセットで1枚の葉を構成する
小葉
ミツデカエデ

羽状複葉
小さな葉が鳥の羽のように並んで1枚の葉を構成する
ヤマウルシ
小葉
葉柄
葉軸

針葉樹

針状葉
細長く、ふつう先がとがる
ドイツトウヒ

鱗状葉
数mmのウロコ状の葉が密着する
ヒノキ

●葉のつき方

互生
葉が枝に1枚ずつ交互につく。枝先に集まってつく（束生）こともある

対生
葉が枝に2枚ずつ対につく

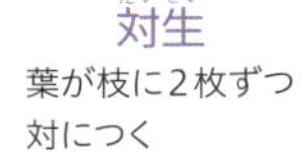

ヤマコウバシ

ニシキウツギ

●葉のふち

鋸歯縁
葉のふちにギザギザ（鋸歯）がある
ケヤキ
単鋸歯
チドリノキ
重鋸歯

全縁
葉のふちにギザギザはなく、なめらか
クロモジ

用語解説

※実に関する用語はp.5、葉や葉形インデックスに関する用語はp.6を参照して下さい。

【亜種】「種」の下の分類階級の一つで、変種より上の階級。

【花芽】花が入った冬芽。はなめとも読む。

【学名】ラテン語で表記した世界共通の生物の名前。発音はローマ字読みに近いとされる。種の学名は、属名＋種小名（種形容語）の２語で表す。同じ属の学名を繰り返し表記する場合は、頭文字＋「.」で省略できる。「spp.」は複数の種を指す。種小名の後に「subsp.」と続くものは亜種、「var.」は変種、「f.」は品種を表す。

【花序・果序】花が茎に集まってついたその全体を花序という。果実の場合は果序。

【褐葉】葉が紅葉する時に、褐色の色素ができて茶色っぽくなるものを指す。→p.5

【花柄・果柄】花がつく柄の部分を花柄、果実の場合は果柄という。

【芽鱗】冬芽を覆うウロコ状の皮。

【気孔線】針葉樹の葉裏などに見られる白っぽい模様で、ガス交換を行うための気孔という組織が集まっている。気孔帯。

【高木】概ね樹高10m以上になる木。

【紅葉・黄葉】古くなった葉が落ちる前に赤やオレンジ、黄色などに色づくことを紅葉という。狭義には、赤やオレンジなど赤色の色素を伴うことを紅葉、黄色のみの場合は黄葉と呼ぶ。本書では通常、広義の「紅葉」を使用している。→p.5

【栽培品種】八重咲きの花や、大きな果実、色鮮やかな葉など、植物のある形質を人為的に固定した個体群。園芸品種ともいう。

【自生】その土地に元から生えていること。

【雌雄異株】雄花と雌花があり、それぞれを別の株につけ、個体によって雄株と雌株がある木のこと。これに対し、雄花と雌花を同じ株につける木を雌雄同株という。両性花をつける木は、広い意味では雌雄同株。

【樹冠】木の枝葉が茂った部分全体。

【小高木】概ね樹高４～10ｍになる木。

【小葉】羽状複葉などの複葉を構成する一つ一つの小さな葉（葉身）。→p.6

【植栽】植物を人為的に植えること。

【成木】成熟した木。花をよくつける。

【成葉】若葉の柔らかい時期を過ぎ、成熟した葉。

【剪定】枝葉を人為的に切ること。

【側脈】中央の太い葉脈（主脈）から分岐し、横に伸びた葉脈。

【托葉】葉の基部にしばしば１対つく、小さな葉のような物体。樹種によってはないことや、すぐ脱落することも多い。

【低木】概ね樹高３～４ｍ以下のもの。

【徒長枝】通常より勢いよく伸びた枝のこと。剪定した場所から生えた枝や、幹の根元から生えた枝（ひこばえ）に多い。

【品種】「種」の下の最も低い分類階級で、亜種や変種よりも下の階級。栽培品種のことを単に品種と呼ぶこともある。

【冬芽】冬を越すための芽で、幼い葉や花が入っている。とうがとも読む。

【変種】「種」の下の分類階級の一つで、亜種より下で、品種より上の階級。

【葉芽】葉が入っている冬芽。はめとも読む。

【葉痕】葉（葉柄）がついていたあと。

【幼木】芽生えて数年以内の幼い木のこと。花や実はつけない。

【葉身】葉の面状の本体部分。本文中の「葉の長さ」は葉身の長さを記した。

【葉柄】葉の柄の部分。→p.6

【葉脈】葉の中を通るすじ、脈。

【林縁】林のへりの部分。日当たりがよく、多くの草木が茂る。

【裂片】裂けた葉の残った部分。→p.6

【若木】まだ成熟していない若い木。

紅葉一覧表

紅葉が目立つ主な落葉樹の葉を、「紅葉」（赤～オレンジ）と「黄葉」（黄色）に分け、形や大きさ順に一覧掲載しました。ただし、紅葉の色はかなり変異があります。※数字は解説ページ。掲載倍率は15～35%。

ドウダンツツジ 86
ツツジ類 98
アキニレ 57
ウスノキ・スノキ 87
ニシキギ 106
カマツカ 73
サルスベリ 102
サラサドウダン 86
アカシデ 62
レンゲツツジ 98
ミツバツツジ 97
ブルーベリー・ナツハゼ 87
ネジキ 97
ヤマコウバシ 92
ヒメシャラ 81
レンギョウ類 111
イヌザクラ 71
ナツツバキ 80
アズキナシ 72
マルバウツギ 110
ナンキンハゼ 94
ケヤキ 58
マユミ 107
ハナミズキ 100
ヤマボウシ 101
サクラ類 68-71
キブシ 82
ガマズミ類 114-116
ナラ類 50-53
リョウブ 78
シラキ 95
カキノキ 96
マルバノキ 93
オオカメノキ 116
カシワ 53

イロハモミジ・
ヤマモミジ18-21
ウリカエデ
25
ハナノキ
28
キイチゴ類
45
ズミ
44
カラコギカエデ
29
クサイチゴ
141
トウカエデ32
フウ41
ベニシダレ19
コミネカエデ24
オオモミジ20
ハウチワカエデ類
22-23
ミツデカエデ140
ツタ49
ウリハダカエデ26
カシワバアジサイ33
モミジバフウ40
メグスリノキ
140
ツタウルシ139
カジカエデ24
ヤマブドウ48
アオダモ類127
ナナカマド類136
カイノキ121
メタセコイア176
タラノキ129
ハゼノキ120
ヤマウルシ118
ヌルデ130

黄葉一覧表

カラマツ177
アキニレ57
ヒュウガミズキ
77
アオハダ
84
エゴノキ
83
エノキ
60
クロモジ類
92
ウツギ類
110
シナノキ 77
ツルウメモドキ
85
ポプラ類
75
シラカバ
66
ブナ類
90-91
ウワミズザクラ
71
ヤマブキ
73
シダレ
ヤナギ
74
カツラ
104
ツノハシバミ
65
マンサク類
76-77
ハルニレ
57
ケヤキ 58
シデ類 62-63
ムラサキ
シキブ
112
ウラジロノキ類
72
コアジサイ
109
タニウツギ
117
チドリノキ 108
コクサギ 95
ロウバイ 102
コナラ 50
アカメガシワ34
ミズキ99
サルナシ85
コブシ・
モクレン類
88
イヌビワ95
アジサイ類109
イイギリ 74
ヒトツバカエデ 108
ヤマグワ 46
ミズナラ 52
アワブキ 79
クヌギ・クリ
54-56

ハギ類
138
コゴメウツギ
45
ウリカエデ
25
トウカエデ
32
ミツバアケビ
141
ギンドロ
39
ブドウ類
47-48
イチョウ174
モミジ類18-21
タカノツメ141
ミツデカエデ140
フウ41
クワ・コウゾ類
46-47
シロモジ37
ダンコウバイ36
ミネカエデ24
モミジイチゴ45
モミジバフウ40
イタヤカエデ30
アサノハカエデ29
カジカエデ24
ユリノキ38
テツカエデ29
ウリハダカエデ26
アカメガシワ34
ウリノキ35
プラタナス類42
ハリギリ39
コシアブラ
143
アオギリ
35
サンショウ類
128-129
フジ・エン
ジュ類
122-125
トチノキ144
シオジ127
クルミ類132-134
ヤマウルシ118
キハダ126
ムクロジ121

果実色別一覧表

秋に目につく主な果実を色別に一覧掲載しました。類似種はまとめています。※数字は解説ページ。緑字＝常緑樹

赤

ホオノキ89　アケビ科141-2・171　モクレン類88　サネカズラ153

ヤブツバキ154　リンゴ属72・44　ヤマボウシ101　ハマナス135　ナツメ79　イヌガヤ185　アオキ169

サンシュユ100　メギ93　ハナミズキ100　モッコク163　イヌマキ182　シロダモ162　ミヤマシキミ162

モチノキ類164・156-7　ヤブコウジ類157・169　カマツカ等72-73　アキグミ93　ノイバラ135　サルトリイバラ97　キイチゴ類135・170

ナナカマド136　ガマズミ類114-6・29　イイギリ74　ナンテン171　サンゴジュ169　カナメモチ153　ピラカンサ類152

センリョウ169　マンリョウ等157　オオカメノキ116　ウメモドキ等84-85　ヒョウタンボク103　ウスノキ87　イチイ185

橙~黄

アリドオシ166　ゴンズイ126　トベラ163　ニシキギ属106-7・168　サンショウ類128-129　エノキ60　ツルウメモドキ85

フウトウカズラ165　クチナシ167　カキノキ類96　イチョウ174　ムクロジ121　センダン129　ヤドリギ167

白

紫~青

ナギ182　ナンキンハゼ94　イズセンリョウ157　ビャクシン属183-4　センニンソウ属126・141　ムラサキシキブ112　クサギ113

ノブドウ 47
サワフタギ 81
黒~紫
イヌビワ 95
ムクノキ 61
アオツヅラフジ 33
イボタノキ属 103・167
シャリンバイ 152
ユズリハ類 159
ブドウ類 47-49
ナツハゼ等 87・156
ウコギ科 141-3・39
カクレミノ等 170・129
クロモジ 92・36-37
クスノキ類 160-1
ヒサカキ類 155
イヌツゲ 156
ミズキ類 99
シロヤマブキ 111
緑~褐
オニグルミ 132
シキミ 162
ツノハシバミ 65
シラキ 95
ホルトノキ 153
カヤ 185
サルナシ 85
アブラチャン等 92・37
キブシ 82
エゴノキ類 83
エンジュ 122
テイカカズラ 166
キササゲ 33
カバノキ類 66-67
フサザクラ 81
ツクバネ等 103・117
褐
ロウバイ 102
プラタナス類 42
フウ類 40
キリ 33
アオギリ 35
フヨウ 39
ミツバウツギ 140
マメ科 122-125・138
ケンポナシ 79
ウルシ類 118-121
ヌルデ 130
コクサギ 95
ナツツバキ類 80-81
サルスベリ 102
ツツジ類 97-98・86
マンサク類 76-77
タニウツギ 117
ウツギ類 110
アジサイ類 109・111・33
アカメガシワ 34
リョウブ等 78・97・155
オオバアサガラ 83
カエデ類 18-32
・108・127・140
シデ類 62
トネリコ属 127・171
ニレ類 57
ユリノキ 38
シナノキ類 77
サワグルミ 134

どんぐり一覧表

主などんぐり（ブナ科コナラ属とマテバシイ属の果実）とその類似種を実寸大で掲載しました。ただし、どんぐりの大きさや形は個体差が多く、どんぐりだけで木の種類を見分けるのは難しいので、葉の形と合わせて確認することが大切です。
※数字は解説ページ。緑字＝常緑樹

すべて×1
クヌギ 54
クヌギより花柱が太く長い
アベマキ 55
ナラ類の殻斗（かくと）は網目模様
コナラ 50
色が濃い
コナラより大型
ミズナラ 52
有毛
ナラガシワ 53
先が長く伸びる
鱗片は平たい
カシワ 53
有毛。先も底もとがり気味
カシ類だが例外で網目模様
ウバメガシ 150
背高のっぽの形が多い
マテバシイ属の2種は底が凹む
マテバシイ 158
シリブカガシ 158
オキナワウラジロガシ
※日本最大になるどんぐり。南西諸島に分布
シラカシより幅広い
アラカシ 148
カシ類の殻斗は横しま模様
シラカシ 149
アカガシ 159
有毛
有毛
イチイガシ 150
殻斗が全体を覆う
ブナ 90
シイ類ははじめ殻斗に覆われる
小さく丸い

スダジイ 151

ツブラジイ 151

クリ（野生）56

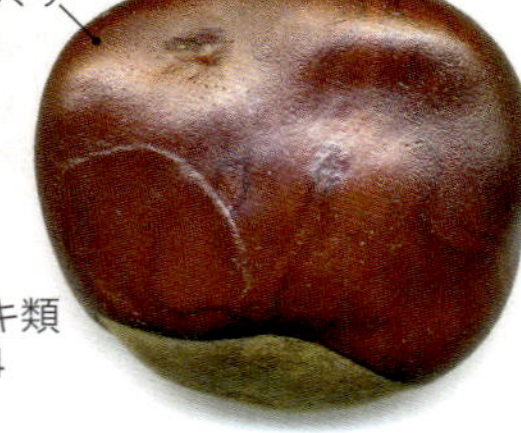
種子がどんぐりに似ている

トチノキ類 144

松かさ一覧表

主な針葉樹の実＝松かさ（松ぼっくり、球果）と、松かさ状の広葉樹の果実（*印）を一覧掲載しました。※数字は解説ページ。緑字＝常緑樹

アカマツ・クロマツ 178

ダイオウマツ 180

ヒマラヤスギ 180

モミ 181

カラマツ 177

ゴヨウマツ 180

コウヤマキ 182

ドイツトウヒ 181

ツガ 181

コウヨウザン 184

ヒノキ 183

サワラ 183

スギ 184

メタセコイア 176

ラクウショウ 176

コノテガシワ 183

ノグルミ * 135

ヤシャブシ類 * 64

ハンノキ類 * 65

ヒメヤシャブシ * 64

紅葉・どんぐりマップ

南北に長く、山地も多い日本列島では、地域によって紅葉する木やどんぐりの種類も異なります。以下に、各地の代表的な紅葉とどんぐりの木を書き出してみました。大きく分けると、ナラ・カエデ類など落葉広葉樹の多い寒地（水色）と、シイ・カシ類など常緑広葉樹の多い暖地（黄緑色）に分けられます。さらに、高山や北海道北部（青色）では針葉樹が多く、亜熱帯の沖縄（緑色）では紅葉する木はごくわずかです。あなたの町に多い紅葉やどんぐりは、何の木でしょう？

北海道の低地（紅葉10月）
赤 ナナカマド、カエデ類、サラサドウダン
黄 カバノキ類、ハルニレ、カラマツ、ヤナギ類
どんぐり ミズナラ、カシワ

本州の寒地（紅葉10〜11月）
赤 カエデ類、ウルシ類、ナナカマド、ヤマブドウ、オオカメノキ
黄 イタヤカエデ、カツラ、トチノキ
どんぐり ミズナラ、ブナ

高山（紅葉9〜10月）
赤 ウラジロナナカマド、ナナカマド 黄 ダケカンバ、ミネカエデ
→p.172

西日本の低地（紅葉11〜12月）
赤 ハゼノキ、ヤマザクラ、ツツジ類
黄 アカメガシワ、イヌビワ、フジ類
どんぐり アラカシ、アベマキ、クヌギ、コナラ、スダジイ、コジイ

関東の低地（紅葉11〜12月）
赤 ケヤキ、イロハモミジ、ヤマザクラ 黄 エノキ、ムクノキ、ウワミズザクラ
どんぐり コナラ、クヌギ、シラカシ

暖地の都市部（紅葉11〜12月）
赤 モミジ類、トウカエデ、ソメイヨシノ、モミジバフウ、ドウダンツツジ
黄 イチョウ、ユリノキ、プラタナス類
どんぐり マテバシイ、シラカシ、ウバメガシ

沖縄（紅葉11〜2月）
赤 ハゼノキ、モモタマナ 黄 イヌビワ
どんぐり マテバシイ、オキナワウラジロガシ、アマミアラカシ

Deciduous Broad Leaved Trees

落葉広葉樹

秋の主役は、豊かな色彩を見せる落葉広葉樹。
まだ葉が緑色の９月頃から、さまざまな果実が熟し始め、
紅葉が盛りを迎えると、日なたでは赤く、
日陰では黄色く染まる木が多く見られます。
渓谷を彩るカエデ類の赤色も鮮やかですが、
雑木林を黄金色に染めるナラなどの黄葉も風流です。

ミズナラ林内で黄葉したコハウチワカエデや
オオカメノキ、ツリバナなど（11/7 広島・吉和）

イロハモミジ 以呂波紅葉

学名：Acer palmatum（アケル パルマツム）
別名：モミジ、タカオカエデ（高雄楓）
中国名：雞爪槭
●ムクロジ科カエデ属
●落葉高木（5～15m）
●東北南部～九州

×0.7

裂片が細く、粗い重鋸歯があることがオオモミジとの違い

葉は径4～7㎝でふつう7つ、時に5つに深く裂ける

×0.7

裂片の数をイ・ロ・ハと数えたことが名の由来

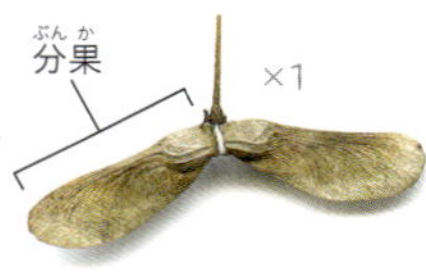

分果（ぶんか）

×1

実 カエデ属の果実は翼果で、2個の分果が並び、1個ずつ回転して落ちる

(解説)カエデ類の最も代表的な種類で、庭や公園、社寺、街路などによく植えられる。秋は個体によって赤やオレンジ、黄色に鮮やかに紅葉し、プロペラ形の果実が回転して風に舞う様子も見られる。単に「モミジ」というと本種やオオモミジ、ヤマモミジを指すことが多く、これらを交配し多くの栽培品種が作られている。野生の個体は、主に太平洋側の低山のやや湿った林に生える。

紅葉 半日陰ではオレンジ色の紅葉も多い（12/16 広島）

実 褐色に熟した果実は、紅葉とともに落ちていく（11/20 山口）

樹皮 若い幹（円内）は緑色を帯び、成木の幹は灰褐色で薄い縦すじが入る

紅葉 繊細な枝を広げた樹形も美しい。紅葉期は遅く、近年は12月に見頃を迎える地域も多い（11/25 京都・高雄）

●冬芽と芽吹き

×1.5

冬芽
細く赤い枝の先に2個が対生する。芽鱗の基部に毛が生える

芽吹 個体や品種によっては新葉のふちや全体が赤みを帯びる（4/6山口）

若葉 若葉はふつう明るい黄緑色で爽やか。溪谷に生えた個体（4/16山口・雙津峡）

●花から果実へ

蕾 芽吹きと同時に花序を出す（3/31広島）

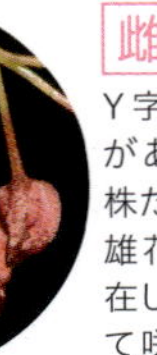

雌花
Y字形の雌しべがある。雌雄同株だが、両性花、雄花、雌花が混在し、個体によって咲く順番が異なる(4/4神奈川)

幼い果実

雄花
雄しべが目立つのが雄花。花弁は淡黄色、がくは紅色。右上には幼い果実がついている（4/28広島）

若い実 若い果実は赤みを帯びる。まだ水分が多くて重いので、風に舞うことはない（6/12東京）

栽培品種

ベニシダレ 紅枝垂

別名：タムケヤマ（手向山）●落葉低木

(解説) モミジ類の栽培品種。枝は垂れ、葉が複雑に深裂し、若葉は紅紫色、秋は赤く紅葉する。'青枝垂れ'は若葉が緑色。

基部まで切れ込んだ独特の形

これは秋の紅葉した葉

×0.6

ベニシダレは若葉も赤紫色（4/23静岡）

オオモミジ 大紅葉

学名：Acer amoenum var. amoenum（アケル アモエヌム アモエヌム）

- ムクロジ科カエデ属
- 落葉高木（5～20ｍ）
- 北海道～九州

実 カエデ類特有の翼果。イロハモミジよりやや大きい ×1

鋸歯はふつう細かい単鋸歯
×0.7
裂片（れっぺん）はイロハモミジより広い
葉は径6～12㎝でふつう7つに裂ける
×0.35
葉形に変異があり、切れ込みの深い個体もある

冬芽 イロハモミジを少し大きくした印象 ×1.5

(解説) イロハモミジに似るが、葉がより大きいので見応えがあり、ふちのギザギザはイロハモミジより細かい。山地～低地の落葉樹林内に生え、庭や公園によく植えられる。秋は個体によって赤や黄色、オレンジ色に紅葉して非常に美しい。プロペラ形の果実（翼果（よくか））も夏～秋に褐色に熟し、くるくる回転して落ちる。ヤマモミジやイロハモミジとともに多くの栽培品種が作られている。

紅葉 カエデ類の中でも紅葉の色が多様（10/31 神奈川）

実 種子がふくらんで熟し始めた翼果（9/1 福島）

花 花は若葉が開く頃に咲く。がくは赤く、花弁は淡黄色（5/11 岡山）

紅葉 道路沿いに植えられ、鮮やかに紅葉した個体。栽培品種かも知れない（10/30 広島・八幡湿原）

大小2重の鋸歯（重鋸歯）がある
×0.7
葉形に変異が多く、しばしば他種と区別しにくい
紅葉は比較的濃い赤色で鮮やか
×0.7

変種

ヤマモミジ 山紅葉

学名：A. amoenum var. matsumurae（アモエヌム マツムラエ）

●落葉高木（3～12m）解説 オオモミジの変種で日本海側に分布し、鋸歯が粗く、7～9つに切れ込む。植栽もされる。

栽培品種

ノムラモミジ 濃紫紅葉、野村紅葉

●落葉小高木（3～8m）解説 オオモミジの栽培品種のうち、春～初夏の若葉が赤紫色になるものを指し、よく庭木にされる。夏にやや緑色になり、秋に再び赤く紅葉する。

●紅葉の色の個体差

赤 まっ赤に紅葉した植栽のオオモミジ。野生ではそう見かけない色（12/16 神奈川・鶴巻温泉）

黄 美しく黄葉した野生のオオモミジ。野生では全体黄色くなる個体は多い（10/23 山梨・滝子山）

黄 赤 黄色い葉に部分的に赤色が交じる野生のヤマモミジ（10/12 福島・磐梯山）

赤紫 ノムラモミジの若葉。春～初夏に木全体が紅葉したように赤紫色になる（5/9 山口・鹿野）

ハウチワカエデ 羽団扇楓

学名：Acer japonicum
別名：メイゲツカエデ（名月楓）
中国名：羽扇槭
●ムクロジ科カエデ属
●落葉小高木（3～12m）
●北海道・本州

葉柄は有毛で、
比較的短い
×0.6
葉は径7～14㎝
で9～11裂する

解説 名の通り、天狗の羽団扇のように大きく丸く、9つ以上に切れ込む葉が特徴で、その形を月に見立てて名月楓の別名もある。冷涼な山地のブナ林内によく生え、寒地では庭木にもされる。秋は赤、オレンジ、黄色など色とりどりに紅葉して美しく、2、3色に染め分けたような葉もしばしば交じる。ハウチワカエデの仲間は日本に4種が分布し、本種は葉も果実も最大。

×1

実 白毛が生え、夏～秋に褐色に熟す

紅葉 赤一色に紅葉した個体。葉の表面はややしわが目立つ（10/15 秋田・田沢湖）

樹皮 樹皮は灰白色で平滑で、薄い縦すじが入る。これはハウチワカエデ類に共通する

紅葉 赤～緑色までさまざまな色が入り交じって紅葉することも多い（10/15 秋田・鹿角）

●冬芽から開花・結実まで

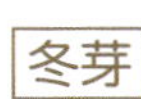

冬芽

冬芽や枝はオオモミジやコハウチワカエデより太い

×1.5

花 芽吹

葉と花が同時に芽吹く。若葉は毛が多く、おばけの手のように垂れ下がる（5/12 鳥取・大山）

花

紅紫色のがくが目立つ両性花。花びらは紅紫色か淡黄色（6/3 神奈川）

花 若い実

花が残っているうちからプロペラ形の果実が成長し始める（6/4 群馬）

若い実

若い果実は赤色を帯びる（6/1 埼玉）

葉柄は有毛で、比較的長い

葉は径5〜9㎝で7〜9裂する

×0.6

類似種

コハウチワカエデ 小羽団扇楓

学名：A. sieboldianum（シーボルディアヌム） 別名：イタヤメイゲツ（板屋名月）●落葉高木（4〜15m）●本州〜九州 解説 ハウチワカエデより葉が小型で、低山〜山地に多く生える。

×0.6

葉は6〜10㎝で11〜13裂する

鋸歯は特に鋭い

類似種

オオイタヤメイゲツ 大板屋名月

学名：A. shirasawanum（シラサワヌム） ●落葉高木（5〜20m）●本州東北南部以南・四国 解説 葉はやや横広で、切れ込みの数は最も多い。主に太平洋側のブナ林に生える。

×0.6

葉は4〜7㎝で9〜11裂する

切れ込みはやや深く、すき間があく

類似種

ヒナウチワカエデ 雛団扇楓

学名：A. tenuifolium（テヌイフォリウム） ●落葉小高木（4〜10m）●東北南部〜九州 解説 山地に生える珍しい木で、葉はこの仲間で最小。

コミネカエデ 小峰楓

学名：Acer micranthum ●ムクロジ科カエデ属 ●落葉小高木（5～12m）●本州～九州 解説 山地のミズナラ・ブナ林内に生え、3～5つに切れ込む複雑な葉形が特徴。秋はふつう朱赤色に紅葉して美しい。高山に生えるミネカエデ（紅葉は黄色）より葉が小さい。裂片の先が細長く伸びるナンゴクミネカエデ（紅葉はオレンジ色）は、西日本の高山を中心に分布する。

紅葉 コミネカエデはややスリムな独特の葉形で、赤系の紅葉が鮮やか（10/23 愛媛・石鎚山）

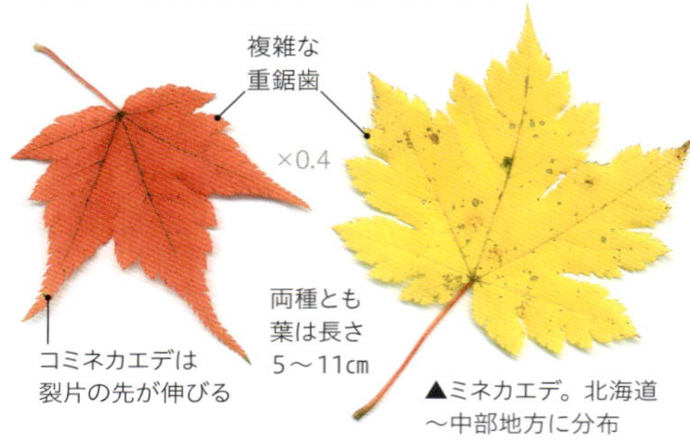
複雑な
重鋸歯
×0.4
両種とも
葉は長さ
5～11cm
コミネカエデは
裂片の先が伸びる
▲ミネカエデ。北海道
～中部地方に分布

実 ナンゴクミネカエデの果実（8/4 徳島・剣山）

紅葉 ナンゴクミネカエデ（10/23 石鎚山）

カジカエデ 梶楓

学名：Acer diabolicum 別名：オニモミジ（鬼紅葉）●ムクロジ科カエデ属 ●落葉高木（7～15m）●東北南部～九州 解説 5つに裂ける整った葉形が特徴で、秋は黄～オレンジ色に紅葉する。よく似たカナダ国旗に描かれる葉は、北米原産のサトウカエデ（砂糖楓、シュガーメープル）で、鋸歯がよりとがって目立ち、植栽は少ない。

紅葉 林内で黄葉したカジカエデ。日なたではオレンジ色を帯びることが多い（10/23 山梨・滝子山）

葉は長さ6～
15cmで、大
きな鋸歯が
少数ある
×0.4

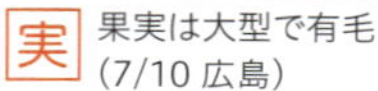

実 果実は大型で有毛（7/10 広島）

×0.2

サトウカエデの葉

ウリカエデ 瓜楓

学名：Acer crataegifolium
(アケル クラタエギフォリウム)
別名：メウリノキ（女瓜木）
●ムクロジ科カエデ属
●落葉小高木（4～10ｍ）
●東北南部～九州

落葉広葉樹 ※
葉形 分裂葉
つき方 対生
ふち 鋸歯縁

成木は切れ込みがほとんどない葉も多い
×0.6
ふちは低い鋸歯がある
幼木や勢いよく伸びた枝では、中ほどまで3～5裂する葉も見られる
×0.6

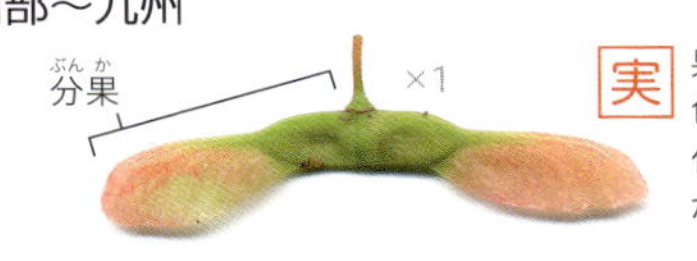
分果
×1

実 果実は夏～秋に赤く色づき、やがて褐色化する。2個の分果がほぼ水平につく

解説 カエデ類の中では、イロハモミジと並んで最も低標高から分布し、常緑樹が多い低地の林から、山地の落葉樹林まで点在して見られる。葉は浅く3裂する形が典型だが、ほぼ不分裂の葉や、深く裂ける葉も見られる。秋は黄～オレンジ色、時に赤色に紅葉して美しい。樹皮がウリのような緑色であることが名の由来で、ウリハダカエデにくらべると葉も木も小型。

雄花 春に淡黄色の花をぶら下げる。雌雄異株（4/22 広島）

実 木を揺らすとばらけ、回転して落ちてくる（10/20 広島）

樹皮 若い幹ほど緑色で、縦にすじが入る。ウリハダカエデのような皮目はない

紅葉 渓流沿いに生えたウリカエデ。紅葉の色は個体差があるが、日なたほど赤く色づく（10/22 広島・吉和）

ウリハダカエデ 瓜膚楓

学名：Acer rufinerve（アケル ルフィネルウェ）

●ムクロジ科カエデ属

●落葉小高木（4～15m）

●本州～九州

実

果実（翼果〈よくか〉）は夏～秋に熟し、2個の分果がほぼ直角につく

×1

分果〈ぶんか〉

×0.6

葉脈がややしわになる

ウラ×2

裏は脈沿いに褐色の縮毛が生える

基部の切れ込みは小さいかほとんどない

×0.5

（解説）若い樹皮が緑色のしま模様になり、菱形の皮目〈ひもく〉（呼吸するための組織）があることが特徴で、この幹肌がスイカやウリ類に似ていることが名の由来。葉は浅く3～5つに切れ込んだ大きな五角形状で、秋は日なたほど赤みの強いオレンジ色に紅葉して美しい。日陰では黄葉する。果実は穂状に多数連なってぶら下がる。

紅葉 林内は日当たりが悪いので、全体が黄葉することが多い（11/3 栃木・日光いろは坂）

樹皮

若い幹は緑色で黒い縦すじがあり、菱形の皮目が入る。老木の樹皮は褐色になり縦に裂ける

紅葉

ミズナラ林で紅葉した個体。葉が大きいので存在感がある（10/11 山形・蔵王）

●冬芽から開花・結実まで

冬芽

冬芽は2枚の芽鱗が見え、枝とともに赤色を帯びる

×1.5

芽吹　芽鱗が開いて新葉が芽吹く（4/28 広島）

若葉　花　若葉が開く頃に長さ5～10㎝の花序をぶら下げる（5/12 鳥取・大山）

雄花　花は淡黄色。ふつうは雌雄異株（5/6 神奈川）

若い実　雌株は花後に果実が成長し始める（6/2 神奈川・秦野）

実　果実はやや赤みを帯び、秋に褐色に熟す。回転しながら落ちる（10/14 大阪・葛城山）

類似種

ホソエカエデ 細柄楓

学名:A. capillipes（カピリペス）　●落葉高木（5～15m）

●関東～近畿・四国　解説 ウリハダカエデにそっくりだが、花や葉の柄が細く長く、葉裏はほぼ無毛。山地に時に生える。

雄花　ホソエカエデの花。ウリハダカエデより花数が多い（5/26 高知）

葉柄は長めで赤みが濃い

×0.5

葉先はやや長く伸びる

樹皮　若い幹は緑色で皮目は小型

紅葉　秋はオレンジ色や紅色に紅葉する（10/31 神奈川）

ハナノキ 花木

学名：Acer pycnanthum（アケル ピクナンツム）
別名：ハナカエデ（花楓）
●ムクロジ科カエデ属
●落葉高木（10～25ｍ）
●長野・岐阜・愛知

葉は長さ6～12㎝で、ふつうやや浅く3裂する
不分裂の小型の葉もある
×0.6
裏は粉を吹いたように白い
ウラ×1
×0.4
鋸歯はハナノキより鋭い

若い実
若い果実は赤く色づく（5/26 愛知）

▶アメリカハナノキ
葉は3～5裂し、ハナノキより大きく幅広い

解説 中部地方の一部にのみ分布する珍しいカエデで、芽吹き前に赤く小さな花を多数つけることが名の由来。葉は浅く3裂するかほぼ不分裂で、裏は粉白色。秋は鮮やかな赤～黄色に紅葉し美しい。愛知県では県木に指定され、街路や公園に多く植えられている。ほかの地方でも時に公園などに植えられるが、よく似た北米原産のアメリカハナノキが植えられることも多い。

紅葉 葉裏の白さが特徴（11/17 三重）

花 花期は木が赤く染まる。雌雄異株で円内は雄花（3/28 広島）

樹皮
樹皮は灰褐色で、成木では縦に浅く裂ける

紅葉
名にカエデとつかないが、紅葉の鮮やかさはカエデ類の中でもトップクラス（11/17 三重・松阪）

アサノハカエデ 麻葉楓

学名：Acer argutum ●ムクロジ科カエデ属 ●落葉小高木（4～10m）●本州東北南部以南・四国 解説 山地のブナ・ミズナラ林に時に生えるやや珍しいカエデ。葉は径10㎝弱でふつう5裂し、アサの葉にやや似て葉脈のしわが目立つことが名の由来。秋はふつう黄色、時にオレンジ色に紅葉する。果実は夏～秋に褐色に熟す。

ふちは細かい
重鋸歯がある
×0.4

紅葉 やや控えめなカエデ（10/26 山梨）

カラコギカエデ 鹿子木楓

学名：Acer ginnala ●ムクロジ科カエデ属 ●落葉小高木（3～8m）●北海道～九州 解説 寒冷地の湿原や谷沿いにややまれに生える。樹皮は縦すじが入り、時にややはがれて鹿の子模様になることが名の由来。葉は縦長で浅く3裂するが、ほぼ不分裂の葉まで変異が多い。秋はややくすんだ赤～オレンジ色に紅葉することが多い。

紅葉 湿原に生えた個体（10/30 広島）

×0.4

実（9/19 広島）

テツカエデ 鉄楓

学名：Acer nipponicum ●ムクロジ科カエデ属 ●落葉高木（5～20m）●本州～九州 解説 雪が多い山地に生えるやや珍しいカエデ。葉は浅く5裂しウリハダカエデに似るが、より大型で幅広く、葉柄も10～20㎝と長い。秋は黄葉するが華やかさはない。若葉や葉裏に鉄さび色の毛があることが名の由来という。樹皮は灰褐色で平滑。

葉は長さ
10～17㎝
×0.3

紅葉 葉はカエデ類最大（11/3 新潟）

カンボク 肝木

学名：Viburnum opulus 中国名：雞條樹 ●レンプクソウ科ガマズミ属 ●落葉小高木（2～6m）●北海道・本州 解説 寒冷地の湿原や湿った林内に生える。葉は中ほどまで3裂し、カエデに似るがガマズミの仲間。秋はオレンジ～赤色に紅葉し、赤い果実が美しい。初夏にアジサイ似の白花をつけ、品種のテマリカンボクが庭木にされる。

実 紅葉 実は径1㎝弱（10/30 広島）

×0.4
葉柄上部に1
対のイボ状の
蜜腺がある

イタヤカエデ 板屋楓

学名：Acer pictum（アケルピクツム）

中国名：色木槭

●ムクロジ科カエデ属

●落葉高木（7～25ｍ）

●北海道～九州

×1
×0.5
鋸歯がないことが特徴
葉は長さ10㎝前後で5～7つに中裂する
幼木の葉はしばしば切れ込みが深く、赤く紅葉する
×0.5

実 エンコウカエデの果実。秋に褐色に熟す

▲▼エンコウカエデ
低地～山地に生える代表的な亜種。本州～九州に分布

解説 黄葉するカエデの代表種で、山地～低地に広く生える。幹はほぼ直立してカエデ類では最も大きな木になり、時に公園や街路にも植えられる。葉は5～7裂し、鋸歯がないことが他種との区別点。秋はまっ黄色に黄葉して美しく、若木は時にオレンジ～赤色に紅葉する。葉形や葉裏の毛に変異が多く、低地に多い亜種のエンコウカエデ（猿猴楓）をはじめ、7亜種に細分化される。

紅葉 山地に多いモトゲイタヤの黄葉（10/18 山梨・瑞牆山）

樹皮 白っぽい褐色で、縦にすじが入るか、浅く裂ける

紅葉 アカイタヤの黄葉。枝葉を板屋根のように広げることが名の由来。左下のオレンジ色の葉はハウチワカエデ（10/15 秋田・鹿角）

×0.5
×0.5
ウラ×0.5
×0.5
葉身の底辺
は直線状
葉裏の元に褐
色の毛がかた
まって生える
落葉

◀オニイタヤ
葉は大型で5〜7浅裂し、裏全体が有毛。北海道〜九州の低山に多い亜種

▶アカイタヤ
葉は横長でふつう5裂する。北海道と本州日本海側に分布する亜種

▶エゾイタヤ
葉はやや浅く5〜9裂し、北海道〜北陸に分布する亜種

▲モトゲイタヤ
葉は大型で7〜9浅裂。関東〜近畿、四国の山地に分布する亜種。別名イトマキイタヤ

落葉広葉樹

●芽吹きから開花・結実まで

冬芽
エンコウカエデの冬芽。卵形でややとがり、4〜6枚の芽鱗が見える

花 芽吹
芽吹きと同時に黄緑色の花が咲く。雌雄同株（4/13 広島）

芽吹
エンコウカエデの芽吹き。芽吹いたばかりの若葉はしばしば赤みを帯びる（4/14 神奈川）

若い実
オニイタヤの若い果実（6/11 広島・吉和）

トウカエデ 唐楓

学名：Acer buergerianum（アケル ビュルゲリアヌム）
中国名：三角楓
- ムクロジ科カエデ属
- 落葉高木（7～20m）
- 中国原産（本州～九州で植栽）

×0.6
×0.6
実
×1

ほぼ全縁か、小さな鋸歯がある

刈り込まれた街路樹などでは深く切れ込んだ大型の葉も現れる

果実は秋に褐色に熟し、翼は幅広い

（解説）中国の長江流域や台湾に産するカエデで、名の「唐」は中国を指す。都市部でもよく紅葉し、刈り込みにも強い丈夫なカエデとして、主に街路樹として多く植えられており、街路樹本数はイチョウ、サクラ、ケヤキ、ハナミズキに次いで第5位。葉は中ほどまで3裂し、鋸歯はないか目立たない。秋は澄んだ赤～黄色に紅葉し、日当たりがよい場所ほど赤く色づき美しい。

若い実 若い果実は黄緑色。雌雄同株（7/19 東京）

花 春に黄緑色の花が咲く。枝先の葉は切れ込みが浅い（4/13 広島）

樹皮 樹皮は灰褐色で、粗く縦にはがれる様子が特徴的

紅葉 街路樹の紅葉。枝を切られた狭長な樹形だが、日当たりがよいので紅葉はきれい（12/5 東京・市ヶ谷）

キリ 桐

学名：Paulownia tomentosa（パウロウニア トメントサ） 中国名：毛泡桐 ●キリ科キリ属 ●落葉高木（10～25ｍ）●中国原産（北海道～九州で植栽・野生化） 解説 葉は五角形状で径20～30cm前後になり日本最大級。秋はほとんど紅葉せず落葉する一方で、長さ3～4cmの果実と、ベージュの毛をかぶった花芽が目につく。果実は秋～冬に褐色に熟して2裂する。

×0.15

実 翼（よく）のある小さな種子をこぼす（2/16）

裂開前の青い果実（11/2 山口）

キササゲ 木大角豆

学名：Catalpa ovata（カタルパ オウァタ） 別名：ヒサギ（楸） 中国名：梓 ●ノウゼンカズラ科キササゲ属 ●落葉小高木（4～12ｍ）●中国原産（各地で植栽） 解説 ササゲに似た長い果実が秋に熟し、利尿薬に利用した。畑や庭で栽培し、まれに河原に野生化している。葉はキリに似て3浅裂するか不分裂で、3枚ずつつく（三輪生（さんりんせい））。秋は黄葉するが地味。

実 長さ30～40cmで熟すと裂ける（9/26 広島）

×0.15

基部に平たい蜜腺がある。葉は10～25cm

カシワバアジサイ 柏葉紫陽花

学名：Hydrangea quercifolia（ヒドランゲア クエルキフォリア） ●アジサイ科アジサイ属 ●落葉低木（1～2ｍ）●北米原産（各地で植栽） 解説 カシワやアカナラ（北米原産）に似て、羽状に切れ込む大きな葉が特徴。秋は赤～オレンジ色に紅葉して鮮やか。初夏にアジサイに似た白花を円錐形の花序につけ、秋は褐色の果実が熟し、枯れた装飾花（そうしょくか）も残る。

※鋸歯がある

×0.25

葉は長さ20cm前後で2～3対の切れ込みが入る

紅葉 枝先に果序がつく（10/30 山梨）

アオツヅラフジ 青葛藤

学名：Cocculus trilobus（コックルス トリロブス） 別名：カミエビ（神葡萄）中国名：木防己 ●ツヅラフジ科アオツヅラフジ属 ●落葉つる植物（1～5ｍ）●北海道～沖縄 解説 低地のヤブや林縁に生え、草木に絡む。葉は3裂から不分裂まで変異があり、秋は黄葉する。白粉を吹いた黒紫色の果実が秋に熟し、利尿薬に用いられる。種子はアンモナイトの形。

実 紅葉 実は径約8mm（11/6 広島）

※葉は互生する

×0.4

種子

アカメガシワ 赤芽柏

学名：Mallotus japonicus（マロツス ヤポニクス）
中国名：野梧桐
●トウダイグサ科アカメガシワ属
●落葉小高木（3～12m）
●本州～沖縄

若木の葉は3浅裂し、波状の鋸歯が出ることも多い
×0.4
葉柄は赤みを帯びて長く、褐色の毛が生える
成木の葉は不分裂で全縁
×0.5
葉身基部に平たい蜜腺がふつう1対ある

×1
実
種子
果実はトゲ状の突起があり、3～4裂する

（解説）低地の道端や林縁など、明るい場所に雑草のごとく生える成長の早い木で、逆三角形状に枝を広げる。葉は長さ10～20cmで、若い木では浅く3裂するが、成木では菱形状の不分裂葉になる。秋は鮮やかに黄葉し、特に暖地の野山でよく目につく。果実（蒴果）は黄葉に先立って熟す。名は新芽が赤く色づき、カシワのように食べ物を盛る葉として使われたため。

実 雌株は初秋に果実を多数つけ、黒い種子を出す（9/29 神奈川）

若葉 枝先の若葉ほど赤い毛に覆われ目立つ（4/24 広島）

樹皮 白っぽい色で縦に網目状に裂ける。この様子がマスクメロンの模様に似ている

紅葉 九州の低地ではハゼノキ（下後方）と並んで紅葉の主役を張る（11/29 大分・国東半島）

アオギリ 青桐、梧桐

学名：Firmiana simplex（フィルミアナ シンプレクス） 中国名：梧桐 ●アオイ科アオギリ属 ●落葉小高木（4～15ｍ）●伊豆～沖縄（本州以南で植栽）
解説 青い幹が名の由来で、街路や公園に植えられる。葉は３～５裂した大きなフォーク形で、秋は黄葉する。初秋に熟す実は独特の舟形で、風に舞い回転するので、教材に使われる。種子はコーヒーの代用になる。

数個の種子が乗る
×0.4
葉は長さ20～30㎝
×0.2
実
袋果（たいか）が裂けて舟形になる

紅葉 葉が大きいので黄葉は目立つが、すぐに褐色化しやすい（11/23 神奈川・秦野）

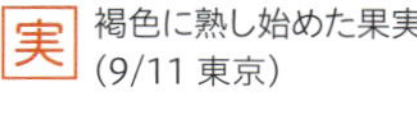

実 褐色に熟し始めた果実（9/11 東京）

樹皮 若い幹は緑色で老木ほど褐色になる

オオアブラギリ 大油桐

学名：Vernicia fordii（ウェルニキア フォーディー） 別名：シナアブラギリ（支那油桐）中国名：油桐 ●トウダイグサ科アブラギリ属 ●落葉小高木（4～12ｍ）●中国原産 解説 種子から油を採るため栽培され、初夏の白花も美しい。葉は長さ20㎝前後で、３浅裂か不分裂。秋は黄葉し、径４～５㎝の果実も緑～褐色に熟す。よく似たアブラギリは葉の蜜腺（みつせん）に柄がある。

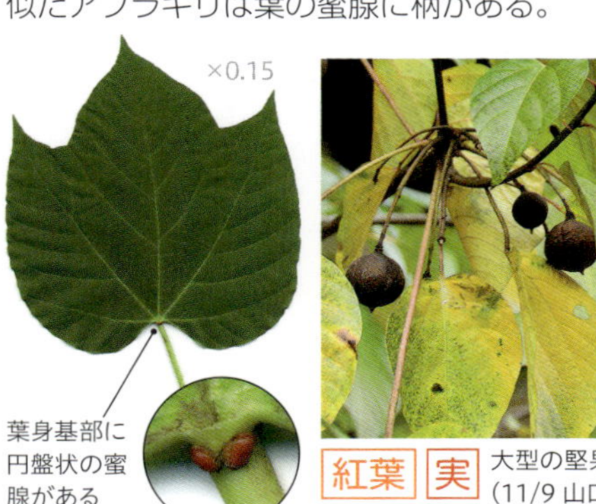
×0.15
葉身基部に円盤状の蜜腺がある
×2

紅葉 実 大型の堅果（11/9 山口）

ウリノキ 瓜木

学名：Alangium platanifolium（アランギウム プラタニフォリウム） 中国名：瓜木 ●ミズキ科ウリノキ属 ●落葉小高木（2～4ｍ）●北海道～九州 解説 山地の林内にひっそりと生える。葉は長さ15㎝前後で浅く３裂し、秋は黄葉するが、葉形が似たアカメガシワと対照的に日陰に育つので目立たない。西日本には葉が深く５裂する変種モミジウリノキも分布する。

実 果実は藍色で8～9月に熟す（8/30 福島）

×0.2
▶モミジウリノキ

ダンコウバイ 檀香梅

学名：Lindera obtusiloba

中国名：三椏烏薬

●クスノキ科クロモジ属

●落葉小高木（2～7ｍ）

●関東～九州

×1

実

径1㎝弱で9～10月頃に熟す

クロモジの仲間なので、ちぎると少し芳香がある
×0.6
裂片の先は鈍い
切れ込みのないハート形の葉も交じる

解説 先割れスプーンのように先が浅く3裂する葉形が独特で、秋は鮮やかに黄葉して目立つ。よく似たシロモジとは、葉先が丸いことや、実が黒く、花芽に柄がない点などで異なる。雌雄異株で、雌株は秋に赤から黒色へと熟す果実をつける。山地の雑木林内や谷沿いによく生え、春は芽吹き前に黄色い花をつけて目立つ。和名は、ロウバイの1品種の名を転用したといわれる。

実 果実は赤紫→黒へと熟す（10/25山梨・増富温泉）

冬芽

花芽の形がシロモジやアブラチャンと異なる

葉芽

花芽

×1

紅葉 雑木林の林縁で黄葉し始めた個体（11/13 静岡・御殿場）

雄花 小さな黄花が枝に密着して咲く（3/28 広島）

シロモジ 白文字

学名：Lindera triloba（リンデラ トリロバ）
- クスノキ科クロモジ属
- 落葉小高木（2～5m）
- 中部地方～九州

若い実
9月の果実。径1㎝前後で緑色

ちぎると少し芳香がある
×0.6
切れ込みの基部はポケット状に丸くなる
裂片の先はとがる

（解説）西日本の山地に時に生え、中ほどまで3裂する整った葉形が特徴。秋はふつう黄色、時にオレンジ色に紅葉してなかなか美しい。ダンコウバイと同様に、切れ込みがない小型の葉も多少交じる。果実はダンコウバイより大きく、晩秋に裂けて種子を出し、むけた皮が花のように樹下に落ちて目を引く。名はクロモジに対する呼称と思われるが、何かが特別白いわけではない。

実
淡黄色に熟して落ちた果実。果皮が裂けて褐色の種子が出る（10/23 愛媛）

雄花
芽吹き前後に黄緑の花を咲かす。雌雄異株（4/24 広島）

葉芽
花芽
×1

冬芽
クロモジに似て1対の丸い花芽がつく

紅葉
自生地では個体数も多く、黄葉がよく目立つ（11/6 広島・大野）

ユリノキ 百合木

学名：Liriodendron tulipifera（リリオデンドロン ツリピフェラ）
別名：ハンテンボク（半纏木）、チューリップツリー（Tulip tree）
中国名：北美鵝掌楸
●モクレン科ユリノキ属
●落葉高木（10～30m）
●北米原産（各地で植栽）

この角がない葉形も多い
×0.6
種子
翼
×1

実 果実は翼果（よくか）で、秋に熟し、回転して落ちる

(解説) 街路や公園に植えられ、大木になる。葉は4裂か6裂し、先がややくぼむ独特の形で、このTシャツのような葉形を半纏（はんてん）に見立ててハンテンボクの別名がある。秋は濃い黄色に黄葉し鮮やかだが、すぐに褐色化しやすい。ユリノキの名は、属の学名がユリを指すためだが、実際の花はチューリップに似ている。集合果もチューリップのような形で、秋～冬にばらけて落ちる。

紅葉 黄葉したユリノキ。幹はよく直立して縦長の樹形になる（11/12 神奈川・秦野中央運動公園）

花 初夏に咲き、花びらは黄、黄緑、オレンジ色が交じる（6/25 千葉）

実 翼果が多数集まった集合果。落葉後も残る（12/19 神奈川）

樹皮 濃い灰褐色で、縦に溝状に裂ける

ギンドロ 銀泥

学名：Populus alba　別名：ウラジロハコヤナギ（裏白箱柳）、ギンポプラ　●ヤナギ科ヤマナラシ属　●落葉高木（7～20m）　●ヨーロッパ～中央アジア原産（主に北日本で植栽）　解説 ポプラやドロノキの仲間で、葉は3～5つに裂け、裏に銀白色の綿毛が密生する。秋は色濃く黄葉し、白い葉裏との対比が美しい。時に公園樹や庭木。

×0.4
先は鈍い
ウラ×1
白毛が密生

葉 若葉は表も有毛（7/20 長野）

フヨウ 芙蓉

学名：Hibiscus mutabilis（ヒビスクス ムタビリス） 　中国名：木芙蓉　●アオイ科フヨウ属　●落葉低木（1～4m）　●中国原産（本州以南で植栽）　解説 ハイビスカスの仲間で庭や公園に植えられ、8～10月頃に大きな花をつけ目立つ。葉は径15㎝前後で浅く5裂する。秋は多少黄葉するが目立たない。果実は径約3㎝の蒴果で、秋に熟し冬も枝に残る。

×0.2

花 径10～15㎝でピンクや白色（9/24 広島）

実 褐色で裂ける（11/8 神奈川）

落葉広葉樹 傘
葉形 分裂葉
つき方 互生
ふち 鋸歯縁

ハリギリ 針桐

学名：Kalopanax septemlobus（カロパナクス セプテンロブス） 　別名：センノキ（栓木）　中国名：刺楸　●ウコギ科ハリギリ属　●落葉高木（10～30m）　●北海道～沖縄　解説 山地～低地の林に生え、かなりの大木になる。カエデ類に似た7裂する大きな葉をつけるが、紅葉は淡い黄色で地味なことが多い。枝や細い幹にトゲがあり、木材はキリに似ている。

ちぎるとウコギ科特有の香りがある
葉は直径15～30㎝ほど
×0.3
枝のトゲ

紅葉 ミズナラ林で黄葉した個体。カエデ類と異なり、葉や枝は互生する（10/18 山梨・瑞牆山）

実 晩秋に黒紫色に熟す（11/8 横浜）

樹皮 クヌギに似て縦に深く裂ける

モミジバフウ 紅葉葉楓

学名：Liquidambar styraciflua（リクイダンバル スティラキフルア）
別名：アメリカフウ
中国名：膠皮糖香樹
●フウ科フウ属
●落葉高木（10～25m）
●北米原産（本州以南で植栽）

ふちは細かい
鋸歯が並ぶ
葉はハリギリに
似るが、切れ込
みが1対少ない
×0.5
強く剪定され
た木ではこの
ような葉形も
現れる
×0.25

(解説) モミジ形に5裂する大型の葉で、丈夫な性質で都市部でも鮮やかに紅葉するため、暖地を中心に街路や公園によく植えられる。秋は、日なたの葉は紫→赤色へ色づき、日陰ほどオレンジ～黄色になることが多いので、しばしば紫～赤～オレンジ～黄色のグラデーションになり非常に美しい。また、玉飾りのようにぶら下がる果実もユニークで、秋に熟して枝に長く残る。

実 ×0.8

果実（集合果）は径3～4㎝。すき間から翼のある種子をこぼす

紅葉 黄葉した葉（11/20 山口）

樹皮 樹皮は縦に比較的深く裂ける。枝にコルク質の板状の翼がつくことが多い（円内）

紅葉 紅葉は赤色が多いが、個体差があり、後方の木は黄葉している（12/1 横浜・桜木町）

●花と果実

冬芽

冬芽はとがり、光沢のある芽鱗が重なる

×1

芽吹 花 上向きが雄花、下に垂れたのは雌花（4/12 名古屋）

実 果実は熟すと褐色になり、やがて樹下に落ちるが、踏んでも堅くてつぶれない（12/2 兵庫・三田）

●街路樹の四季

春 芽吹きは黄緑色（4/17 広島）

夏 枝を切られた狭長な樹形が多い（8/29 広島）

秋 紅葉の並木は非常にきれい（11/20 山口）

冬 剪定された街路樹特有の太い枝（3/13 山口）

類似種

フウ 楓

学名:L. formosana（フォルモサナ） 別名:タイワンフウ（台湾楓）中国名:楓香樹、楓樹 ●落葉高木（10〜25m）●中国・台湾原産（主に西日本で植栽）解説 モミジバフウに似るが葉は3裂で、樹皮の裂け目は浅い。紅葉は黄色や赤、オレンジ色など個体差があり美しい。

実 紅葉 集合果は径2.5〜3㎝（1/10 広島）

葉は長さ7〜17㎝でトウカエデより大きく、細かい鋸歯が並ぶ

紅葉した葉はしばしばフルーティな香りがする

×0.5

×0.8

実 集合果は径2.5〜3㎝。モミジバフウより小さく、表面の突起（雌しべの花柱）がより細い

プラタナス類 Platanus

学名：Platanus spp.（プラタヌス）
別名：スズカケノキ類（鈴懸木）
中国名：懸鈴木
●スズカケノキ科スズカケノキ属
●落葉高木（10～20m）
●北アメリカ・西アジア原産
（各地で植栽）

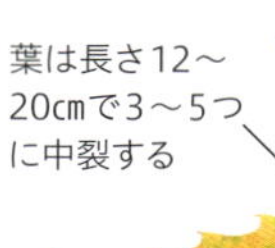

×0.3

葉は長さ12～20㎝で3～5つに中裂する

▲モミジバスズカケノキ
学名：P. ×acerifolia
街路や公園に多く植えられる

葉柄基部は広がり、冬芽を包む

(解説) 北米原産のアメリカスズカケノキ、西アジア原産のスズカケノキ、両者の雑種で最も多く植えられるモミジバスズカケノキがあり、総称でプラタナスと呼ばれる。3～5裂する大きな葉と、鈴のようにぶら下がる果実、まだら模様の樹皮が特徴で、昭和時代に街路樹に多く植えられた。秋は黄葉して目立つが、樹上ですぐに褐色化しやすい。果実も秋～冬に熟して樹上に残る。

×0.5

実 果実（集合果）は径約4㎝で、山伏がつける鈴かけに似る。秋～春に熟してばらける

共立女子大
Kyoritsu Women

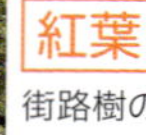

紅葉 街路樹の黄葉。戦後は日本で最も多い街路樹だったが現在は12番目（12/5 東京・神保町）

実 モミジバスズカケノキの果実は2～3個ずつつく（1/10 広島）

樹皮 樹皮がはがれ、褐色、緑色、灰色、白色などの独特のまだら模様になる。個体差も大きい

切れ込みは3種で最も浅い

×0.3

▲アメリカスズカケノキ

学名：P. occidentalis
時に公園や街路に植えられている。果実は1個ずつつく

樹皮 樹皮は網目状に裂け、まだら模様になりにくい

切れ込みは3種で最も深い

×0.3

落葉

▲スズカケノキ

学名：P. orientalis
植栽はまれ。果実は3～7個ずつつく。樹皮はまだら模様になる

実 落ちてばらけ始めた果実（1/5 東京）

●冬芽から芽吹き・結実まで

冬芽 モミジバスズカケノキの冬芽。キャップのような1枚の芽鱗に包まれる

×1

若葉 両面ともふわふわした褐色の毛が多い。成葉は裏面に毛が多く残る（5/5 山口）

蕾 芽吹 スズカケノキの花序（4/12 名古屋）

若い実 アメリカスズカケノキ（6/1 広島）

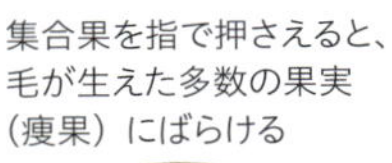

集合果を指で押さえると、毛が生えた多数の果実（痩果）にばらける

実 褐色に熟したアメリカスズカケノキの集合果（1/10 広島）

ズミ 酸実、桷

学名：Malus toringo
別名：ミツバカイドウ（三葉海棠）、コナシ（小梨）、コリンゴ（小林檎）
中国名：三葉海棠
●バラ科リンゴ属
●落葉小高木（3～8ｍ）
●北海道～九州

切れ込みが浅い葉から深い葉まで見られる

×0.8

不分裂葉は同属のエゾノコリンゴ（不分裂葉のみ）によく似る。葉裏に白毛が生える

3㎝前後の長い柄がある

×1

果実は径6～10㎜。ふつう赤～オレンジ色。黄色く熟す個体（キミズミ）もある

実

解説 主に高原の湿地周辺に生える木で、時に庭や公園にも植えられる。リンゴに似た果実がすっぱいことから酸実の名があり、果実が小さいのでコリンゴ、コナシの別名もよく使われる。葉は不規則に３裂する葉が交じることが特徴で、三葉海棠の別名はこれに由来する。秋は赤～黄色に紅葉して果実が赤く熟すが、早くに落葉して果実だけが残っていることが多い。

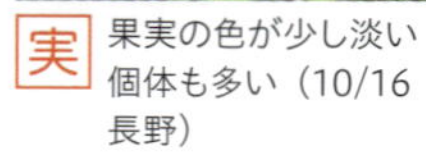

実 果実の色が少し淡い個体も多い（10/16 長野）

花 初夏に清楚な白い花とピンクの蕾をつける（5/29 長野）

樹皮

樹皮は縦にやや短冊状に裂け、多少はがれる。小枝はややトゲ状になる

実

高原の湿原に生えた個体。既に落葉し、果実だけが多数ついている（11/4 栃木・戦場ヶ原）

モミジイチゴ 紅葉苺

学名：Rubus palmatus ●バラ科キイチゴ属 ●落葉低木（0.5～2m）●北海道～九州 解説 林縁や道端によく生えるキイチゴの代表種。モミジに似て葉が5～3裂するが、互生で枝葉にトゲがあることが違い。葉形は変異が多い。秋は黄葉するか、条件がよいと鮮やかな赤やオレンジ色に紅葉する。クマイチゴやニガイチゴも似ている。

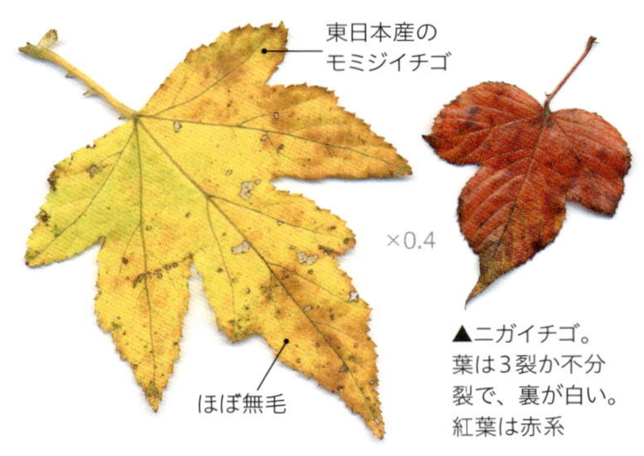
東日本産の
モミジイチゴ
×0.4
ほぼ無毛
▲ニガイチゴ。葉は3裂か不分裂で、裏が白い。紅葉は赤系

紅葉 西日本産は中央の裂片が長く伸び、変種ナガバモミジイチゴとも呼ばれる（10/19 広島・吉和）

紅葉 カラフルな紅葉（10/14 秋田）

実 初夏になる果実は黄橙色で美味（6/11 広島）

クマイチゴ 熊苺

学名：Rubus crataegifolius 別名：タチイチゴ（立苺） 中国名：牛疊肚 ●バラ科キイチゴ属 ●落葉低木（1～2m）●北海道～九州 解説 モミジイチゴに似るが、クマが出そうな山地に多く、幹が立ち上がる性質が強い。葉形は3～5裂して変異が多く、両面に毛が生える。秋は比較的鮮やかなオレンジ～赤色に紅葉することが多い。

×0.4
トゲ
触ると毛があるのが分かる

紅葉 群生地の紅葉（11/30 大分）

ココゴメウツギ 小米空木

学名：Neillia incisa 中国名：冠蕊木 ●バラ科スグリウツギ属 ●落葉低木（1～2m）●北海道～九州 解説 低山の林縁などに生え、時に群生する。初夏に咲く米粒のように小さな花が名の由来。葉は3裂状で、切れ込みの深さは変異があり、深い重鋸歯が全体にある。トゲはない。秋は黄葉し、径約3㎜の小さな緑色の果実（袋果）がなる。

紅葉 枝はやや垂れる（12/5 神奈川）

切れ込みと
鋸歯は連続的
×0.4
実（10/27 滋賀）

クワ類 桑

学名：Morus spp.（モルス）
中国名：桑
●クワ科クワ属
●落葉小高木（2～12m）
●北海道～沖縄

冬芽

×1.2

冬芽は水滴形で、葉痕は丸い

葉痕（ようこん）

(解説) 低地～山地に広く生えるヤマグワ（山桑）と、中国原産で養蚕（ようさん）に使われたマグワ（真桑）が一般に「クワ」と呼ばれている。マグワの栽培は現在少ないが、河原などに野生化している。果実は両種とも6～7月に熟し美味。葉形は変異に富み、若木の葉は中ほどまで3裂する葉が多いが、成木では不分裂葉が多く、幼木では複雑に5深裂する葉も多い。秋の黄葉は比較的目立つ。

◀ヤマグワ
学名：M. australis
日本在来種

葉先が伸びる

葉の形は3裂、2裂、5裂、不分裂、中裂、深裂など多様

×0.6

ヤマグワより鋸歯が鈍く、葉先は伸びない傾向がある

×0.5

▶マグワ
学名：M. alba
中国原産

紅葉 ヤマグワの若木。多様な葉形が見られる（12/2 東京）

実 ヤマグワの果実は雌しべの突起がよく残る。マグワは残らない（7/6 群馬）

樹皮
ヤマグワの樹皮。はじめ平滑で皮目が散らばるが、年数を経ると縦に裂けてくる

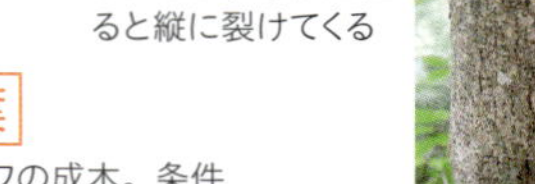

紅葉
ヤマグワの成木。条件がよいとかなり鮮やかな黄色に染まる（10/24 広島・八幡湿原）

コウゾ類 楮

学名：Broussonetia spp.　中国名：楮　●クワ科コウゾ属　●落葉小高木（2～7m）　●本州～九州　解説 低地の林縁に自生するヒメコウゾ（姫楮）と、和紙の原料として栽培されるコウゾ（ヒメコウゾとカジノキの雑種）があり、前者がよく見られる。葉はクワに似て幼木ほど深く3裂し、成木は不分裂。秋は比較的鮮やかに黄葉する。

クワより鋸歯が細かい
×0.2
実
(6/24 鹿児島)

紅葉 コウゾの若木 (11/6 神奈川)

エビヅル 蝦蔓、葡萄蔓

学名：Vitis ficifolia　中国名：桑葉葡萄　●ブドウ科ブドウ属　●落葉つる植物（1～7m）　●本州～沖縄　解説 低地～山地の林縁に生え、草木に絡むブドウの仲間。名は葉柄などの赤紫色をエビに見立てたという。葉は3裂、時に5裂し、裏は褐色の毛が密生する。秋はオレンジ～赤色に紅葉してまずまず美しく、雌株は甘ずっぱい果実をつける。

×0.4
実
紅葉 (12/14 神奈川)
果実は黒～暗紫色で径1cm弱 (11/29 大分)

ノブドウ 野葡萄

学名：Ampelopsis glandulosa　中国名：蛇葡萄　●ブドウ科ノブドウ属　●落葉つる植物（1～4m）　●北海道～沖縄　解説 低地の林縁や道端に生え、草木に絡む。葉はふつう浅く3裂する。秋は淡く黄葉し、カラフルな青～紫～白色の果実が目立つ。よく似たサンカクヅルは三角形の不分裂葉で、赤～オレンジ色に美しく紅葉し、果実は黒色。

両種とも裏は毛が少しある
×0.4
×1
ノブドウの実は淡い色も混在して独特
実
▲サンカクヅル。本州～九州の山地に生える

実 ノブドウの見所は紅葉よりも果実。色彩は多様で派手だが、食用には向かない（11/9 広島・大野）

紅葉 ノブドウの黄葉 (10/31 宮城)

紅葉 実 サンカクヅル (11/29山梨)

ヤマブドウ 山葡萄

学名：Vitis coignetiae（ウィティス コイグネティアエ）
中国名：山葡萄
●ブドウ科ブドウ属
●落葉つる植物（3～20ｍ）
●北海道・本州・四国

葉裏は褐色の毛がクモの巣のように密生する ウラ×1.5

落葉時に葉柄が取れやすい
×0.4
葉脈のしわが目立つ

(解説) 名の通り、冷涼な山地に生える野生のブドウ。秋は径20㎝前後の大きな葉が、他種に先駆けて赤く紅葉するのでよく目立つ。ブドウを小ぶりにした果実も同時に黒く熟し、甘ずっぱくて食べられるが、つるが高い木に登る上に、雄株と雌株があり、鳥や獣も食べに来るのでそう簡単には巡りあえない。葉は3または5つに浅く裂け、エビヅル同様に裏に褐色の綿毛が密生する。

実 果実は径1㎝弱。果実酒やジャムにもされる ×1

紅葉 大きな葉でほかの木を覆う。紅葉はやや紅紫を帯びた赤色（10/23 愛媛・石鎚山）

実 房は長さ20㎝ほどになる。果実は白粉をかぶる（10/25 山梨）

雄花 雌雄異株で初夏に咲く（6/6 長野）

樹皮 樹皮は縦に長く繊維状にはがれて特徴的。丈夫でかごやバッグ作りにも利用される

ツタ 蔦

学名：Parthenocissus tricuspidata（パルテノキッスス トリクスピダタ）
別名：ナツヅタ（夏蔦）
中国名：地錦
●ブドウ科ツタ属
●落葉つる植物（1～15m）
●北海道～九州

落葉時に葉柄が取れる

葉は光沢が強く、両面とも無毛

×0.5

幼い枝は不分裂で小型の葉が多く、紅葉はしばしばピンク色を帯びる

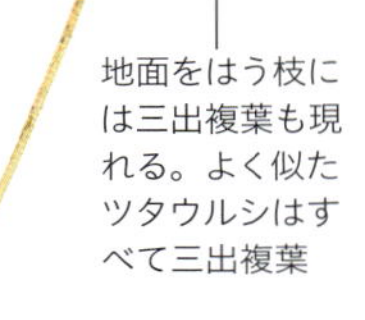

×0.5

地面をはう枝には三出複葉も現れる。よく似たツタウルシはすべて三出複葉

×1

実 径7㎜前後で秋に熟す。ブドウに似るが、アクが強く食べられない

解説 童謡「まっかな秋」にも登場するように、モミジと並ぶまっ赤に紅葉する植物の代表種。吸盤のある巻きひげを出すことが他種にはない特徴で、高木の幹、岩壁、建物の壁、塀などにも張りつき、一面を覆う。葉はふつう浅く3裂し、秋は紅紫色を帯びた赤～オレンジ色に紅葉する。紅葉し初めは紫色、日陰の葉は黄色っぽくなるので、時に見事なグラデーションになる。

紅葉 ブロック塀に絡んだ個体。葉緑素が分解されると紫から赤へと変わる（10/23 山梨・大月）

若葉 夏の葉は明るい色。吸盤で幹を登る（5/15 神奈川）

実 果実は太い枝につき、果序は長さ5㎝前後（10/31 宮城）

紅葉 雑木林でコナラの幹に登り紅葉した個体。色や葉形でツタとすぐ分かる（11/24 川崎・溝の口）

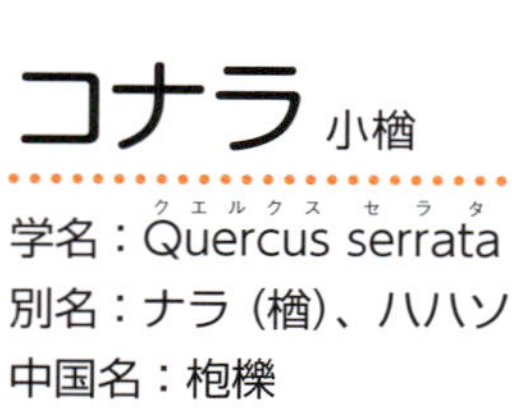

コナラ 小楢

学名：Quercus serrata（クエルクス セラタ）
別名：ナラ（楢）、ハハソ（柞）
中国名：枹櫟
- ●ブナ科コナラ属
- ●落葉高木（10～30m）
- ●北海道～九州

葉は長さ6～15㎝。
中央より先寄りで
幅が最大
葉の広狭は
変異が多い
×0.7
長さ1～
2㎝の葉
柄がある
堅果（けんか）
×1
どんぐりは長さ1.5～
2.3㎝。細めで淡い色
が多いが変異も多い
実
殻斗（かくと）

（解説）身近な雑木林を代表する木で、本州の平野部～低山では最もふつうに見られる落葉樹。葉は先広がりの形で鋭いギザギザがあり、ミズナラより小さいので「小」の名がつく。秋は紅葉の少し前に、ナラ類としては小型のどんぐりが熟す。葉はふつう黄～オレンジ色に紅葉し、次第に褐色が濃くなる褐葉（かつよう）のタイプ。若い木は赤色に紅葉することも多いが、やはり褐色化しやすい。

紅葉　コナラの雑木林。紅葉前半の黄色みが強い状態（11/13 静岡・御殿場）

紅葉　紅葉後半の褐色化してきた葉（12/3 東京）

紅葉　林床で赤っぽく色づいた幼木（12/29 岐阜）

樹皮　樹皮は縦に裂け、裂け目が暗色で、平滑面が白っぽいのでしま模様に見える

●冬芽から葉が芽吹くまで

×1.5

冬芽
枝先に数個の冬芽が集まり、多くの芽鱗が重なり合う

芽吹
新葉は銀白色の毛が密生する（4/13 山口）

芽吹 木全体が緑白色に見えて目立つ（4/25 広島）

成葉 芽吹 夏に再び若葉（土用芽）が出ることもある（7/5 東京・世田谷）

●花と果実

蕾 葉と同時に花序が芽吹く（4/17 広島）

雌花 小型で枝の上部に上向きにつく

雄花 穂状に垂れた花序に雄花がつく（4/27 広島）

若い実 どんぐりはその年の10月頃に褐色に熟す（9/1 福島）

実 落ちたどんぐりは年内に根を出し、翌春に芽を出す（3/2 東京）

枝葉についた玉の正体は？

ナラ類は、葉に赤い玉がのっていたり、枝にピンポン玉ぐらいの玉が刺さっていることがあります。これらはタマバチなどの虫が寄生してできた虫（むし）こぶで、それぞれ「～フシ」などの名がついています。中に幼虫がすみ、成虫は穴をあけて外に出ます。

葉にタマバチ類が寄生してできたナラハヒラタマルタマフシ（10/27 滋賀）

枝先の芽にタマバチ類が寄生してできたナラメリンゴフシ（5/15 山口）

ミズナラ 水楢

別名:ナラ、オオナラ（大楢）
学名：Quercus crispula（クエルクス クリスプラ）
中国名：蒙櫟
●ブナ科コナラ属
●落葉高木（1～30ｍ）
●北海道～九州

実 どんぐりは長さ2～3.3㎝と大きい

×1

ナラ類は殻斗（かくと）に網目模様がある

（解説）北国の林を構成する代表種で、ブナとともに広大な林をつくり、幹の直径１ｍ以上の大木にもなる。名は材がよく水を含むためで、家具やタルにも利用される。葉は大きなギザギザが目立つ先広の形で、秋ははじめ黄色くなり、次第にオレンジ～褐色が濃くなる（褐葉（かつよう））。どんぐりも秋に熟し、コナラより大きく太く、色が濃い。多雪地では低木化し、赤く紅葉する個体も多い。

鋸歯は大きく鋭い

×0.7

紅葉 長さ6～20㎝でコナラより大きい。先寄りで葉幅が最大になる

コナラと異なり葉柄はほとんどない

紅葉 若い木では赤く紅葉することも多い（10/16長野）

×1

冬芽 コナラより太く、多くの芽鱗がある

樹皮 縦に裂ける。コナラと異なり、表面の樹皮が紙のように薄くはがれ、老木は白っぽくなる

紅葉 溪谷に生えたミズナラの大木。緑、黄色、褐色の葉が交じっている（10/26山梨・清里）

カシワ 柏

学名：Quercus dentata（クエルクス デンタタ） 中国名：槲樹
●ブナ科コナラ属 ●落葉高木（5～25m）
●北海道～九州

実
どんぐりは長さ1.5～2.5cm
先が長く伸びる
反り返った扁平な鱗片に包まれる
×1

解説 柏餅を包む葉として知られ、大きな葉と波形のふちが特徴で、裏は毛が密生する。秋は黄色～オレンジ色に紅葉し、イソギンチャクに包まれたような独特のどんぐりがなる。冬も枯れ葉が長く枝に残ることが多いため、子孫を絶やさない縁起のいい木として、昔から庭木にもされる。山地や海岸林に点々と生え、北海道の低地に特に多い。

鋸歯は大きな波形でとがらない
葉柄はほとんどない
×0.7
紅葉
長さ15～32cm。先寄りで葉幅が最大になる

紅葉 カシワは樹皮が厚いため、火入れされた草原にもよく残る（11/2広島・八幡湿原）

枯葉 茶色くなった枯れ葉が落ちないこともある（12/26山口）

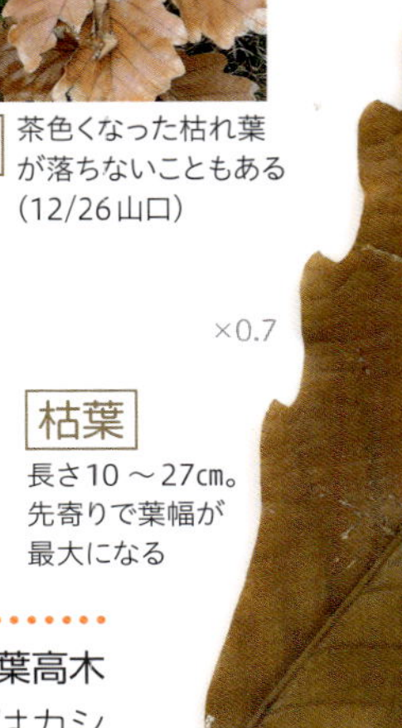

類似種

ナラガシワ 楢柏

学名：Q. aliena（アリエナ） 中国名：槲櫟 ●落葉高木（10～25m） ●本州～九州 解説 葉はカシワとミズナラの中間的な形だが、長い葉柄がある。低山に時に生え、西日本に多い。

鋸歯はやや角張るが、ミズナラほどとがらない
×0.7
枯葉
長さ10～27cm。先寄りで葉幅が最大になる
長さ1～3cmの葉柄がある

実
どんぐりは長さ2～3cmでやや大きい
×1

クヌギ 櫟、椚

学名：Quercus acutissima（クエルクス アクティッシマ）
別名：ツルバミ（橡）
中国名：麻櫟
●ブナ科コナラ属
●落葉高木（10～30m）
●本州～九州

地面に落ちたどんぐりは先端から根が出る

×1

殻斗はひだ状の鱗片で覆われる

実 どんぐりは長さ2～3.2cmでほぼ球形。日本ではオキナワウラジロガシに次いで大きい

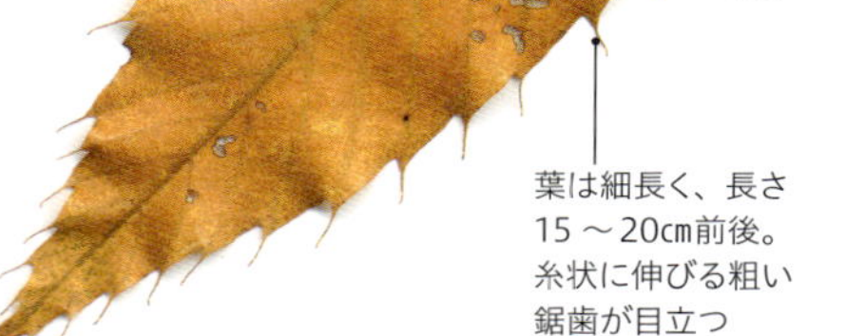

×0.6

葉は細長く、長さ15～20cm前後。糸状に伸びる粗い鋸歯が目立つ

解説 かつて薪や炭に多用された里山林の代表種で、コナラに交じって低地に生える。現在でもシイタケ栽培のほだ木によく使われ、植林されることもある。樹液がよく出てカブトムシが集まる木としても有名。秋に熟すどんぐりは丸く大きく、イソギンチャクのようなお碗が特徴で、いわばどんぐりの王様的存在。葉は濃い黄色に黄葉して目立ち、次第に褐色化する（褐葉（かつよう））。

紅葉 黄色から褐色に染まり始めた葉。冬も枯れ葉が枝に残ることもある（12/3 山口・柳井）

樹皮 樹皮は縦に深く裂け、コナラと異なり平滑面は残らない。裂け目の底はオレンジ色

紅葉 西日が当たると黄葉がよく目立つ。幹は比較的直立して縦長の樹形になる（12/2 川崎・東高根森林公園）

●冬芽から芽吹き・開花・結実まで

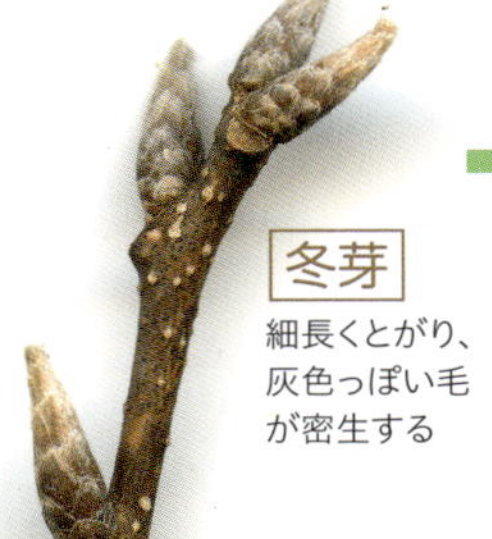

冬芽 細長くとがり、灰色っぽい毛が密生する ×1.5

芽吹 **蕾** 葉と花序が同時に出る（4/16 千葉）

成葉 夏以降の成長しきった葉は、光沢が強くやや堅い（10/1 川崎）

芽吹き時は花と若葉で濃い黄色に染まる（4/27 広島）

花 雄花が穂状に垂れ、雌花は小型で枝先付近につき目立たない（4/27 広島）

若い実 1年目は小さなまま越冬する（1/27 山口） ×1

若い実 2年目の夏にようやく大きくなり始める（8/24 神奈川） ×1

実 2年目の秋に褐色に熟して落ちる（10/2 神奈川）

類似種

アベマキ 椚、阿部槙

学名：Q. variabilis（ヴァリアビィス） 別名：コルククヌギ（cork櫟） 中国名：栓皮櫟 ●落葉高木（10～30m）●主に中部地方～九州 解説 クヌギによく似て混同されているが、樹皮はコルク層が発達し弾力があること、葉裏が白いことなどが違いで、西日本に多い。

樹皮 指で押さえるとへこむことがクヌギとのよい区別点。この樹皮をコルク栓に利用できる

実 アベマキのどんぐり。クヌギとほぼ同じ（10/9 山口）

×0.6

葉はクヌギより広く丸みが強い傾向があり、裏は細毛が密生し白っぽい

クリ 栗

学名：Castanea crenata（カスタネア クレナタ）

中国名：日本栗

●ブナ科クリ属

●落葉高木（4～20ｍ）

●北海道～九州

×0.6
×1
×1.5

クリシギゾウムシの幼虫が脱出した穴

実 野生のクリの果実

鋸歯の糸状部分はクヌギより太く短い。葉裏はクヌギより白っぽい

冬芽 クリの実の形に似る

葉は長さ8～20㎝で、栽培品は大型の葉が多い

（解説）秋の山を代表する果樹で、クリ林をつくって栽培されるほか、低地～山地のコナラ林やミズナラ林にも生える。イガに包まれた果実は、紅葉する前の9～10月頃に褐色に熟して落ちる。食用に出回るクリの実（栽培品種）は幅3～4㎝にもなるが、野生のクリは2㎝前後と小さく、ヤマグリやシバグリと呼ばれる。葉はクヌギに似て細長く、秋はややくすんだ黄色に黄葉する。

虫こぶ クリタマバチが寄生してできた虫こぶもしばしば見られる。径約1.5㎝（9/22 神奈川）

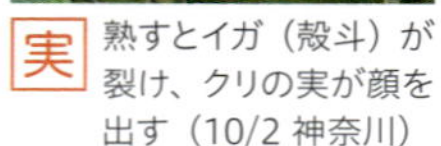

実 熟すとイガ（殻斗）が裂け、クリの実が顔を出す（10/2 神奈川）

花 初夏に白い雄花を穂状につける。雌花は基部につく（6/15 広島）

紅葉 畑に植えられたクリ。黄葉はクヌギほど鮮やかではなく、次第に褐色化する（10/21 神奈川・山北）

樹皮 若木（円内）は紫褐色で白い皮目がある。成木は灰色でやや広い間隔で縦に裂ける

アキニレ 秋楡

学名：Ulmus parvifolia（ウルムス パルウィフォリア） 別名：ニレケヤキ（楡欅） 中国名：榔楡 ●ニレ科ニレ属 ●落葉小高木（4～12m） ●中部地方～九州 解説 9月頃に花が咲くのでこの名があり、10～11月には果実が熟す。葉は長さ2～7㎝と小さく、角張ったギザギザやざらつく質感が特徴で、ふつう黄葉する。西日本の川辺や海岸に生え、街路樹にもされる。

赤く紅葉することもある
×0.6

花 小型で地味（9/17 川崎）

×1
丸い翼（よく）がある翼果

紅葉 紅葉は濃い黄色が多く、オレンジ～赤色のこともあるが、褐色化しやすい（12/12 山口・上関）

実 果実は落葉後もしばしば残る（12/2 東京）

樹皮 鱗状にはがれてまだら模様になる

ハルニレ 春楡

学名：Ulmus davidiana（ウルムス ダヴィディアナ） 別名：ニレ（楡） 中国名：春楡 ●ニレ科ニレ属 ●落葉高木（10～35m） ●北海道～九州 解説 春に花が咲き、エルムとも呼ばれる。寒冷地の湿った場所に生えて大木になり、北国では公園や街路にも植えられる。葉は長さ6～15㎝で、秋はふつう黄色、まれに赤く紅葉する。よく似たオヒョウは独特の分裂葉が交じる。

×0.6
葉は左右非対称の形
▼オヒョウ
葉の上部が不規則に切れ込む葉が交じる
×0.3

樹形 まだ緑色が抜け始めたばかりのハルニレ。扇形の樹形で美しい（9/28 山梨・富士吉田）

若い実 果実は初夏に熟す（4/14 東京）

樹皮 白っぽくて縦に裂けてややはがれる

ケヤキ 欅

学名：Zelkova serrata
別名：ツキ（槻）
中国名：欅樹
●ニレ科ケヤキ属
●落葉高木（10～35m）
●本州～九州

痩果
果実のつかない葉は長さ5～13cm
×1
×0.8
小型化した葉
葉の大小、広狭は変異が大きい
鋸歯はカーブした独特の形で、他種とのよい区別点
表面はよくざらつく

実 果実は粒状で、小型化した葉が翼の役割を果たす

解説 扇形の樹形が美しくて人気があり、街路樹や公園樹、屋敷林などに多く、低地～山地の谷沿いや雑木林にも生える。秋の紅葉も美しく、個体によって赤、オレンジ、黄色と色が異なる。ただし、褐葉する木なので褐色化するのも早い。葉はギザギザの形が独特で、まだら模様にはがれる樹皮も特徴。果実がつく葉は小型化し、秋に葉とともに落下し風に飛ばされる。

紅葉 鮮やかに黄葉した個体。落葉後にすぐ褐色化するか、樹上で褐色化する（12/5 東京・神保町）

樹皮 若木の樹皮は平滑で横向きの短い皮目があり（円内）、成木は鱗状にはがれてまだら模様になる

紅葉 ケヤキらしい雄大な樹形。樹冠の外側から紅葉し始め、内部の葉はまだ緑色（10/30 東京・北の丸公園）

●冬芽から芽吹き・開花・結実まで

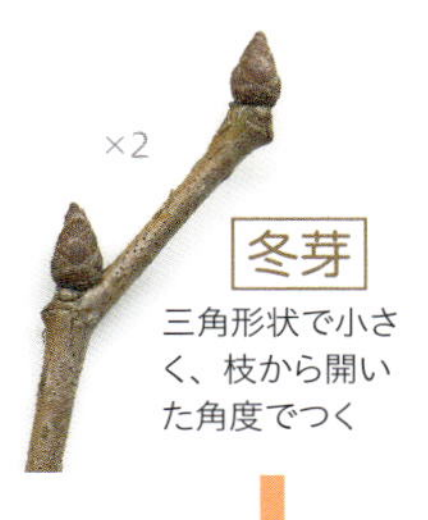
×2

冬芽 三角形状で小さく、枝から開いた角度でつく

若葉 冬芽から芽吹いた若い枝葉（4/25 広島）

成葉 枝はやや垂れるように出てジグザグに曲がる（5/22 山口）

雄花 粒状に見えるのが雄花（4/24 山口）

雌花 小型の葉の基部につく。雌雄同株（5/3 香川）

実 11 ～12月頃に褐色に熟し、枝ごと落ちる（10/24 山口）

●樹形の変異

公園 広い場所では伸び伸びした扇形の樹形になる。日当たりがよいので紅葉も鮮やか（11/11 広島・西部埋立第五公園）

自然林 林内の個体はほかの木との競争で細長い樹形になりやすい（5/11 広島）

強剪定 枝を強く切られ、徒長枝が長く垂れ下れた公園の木（6/19 神奈川）

栽培品種 狭長なほうき樹形の栽培品種‘武蔵野’の街路樹（12/5 東京）

エノキ 榎、榎木

学名：Celtis sinensis（ケルティス シネンシス）
中国名：朴樹
●アサ科エノキ属
●落葉高木（5～20m）
●本州～九州

実 果実は径7㎜前後で、干しブドウに似た甘みがある ×1

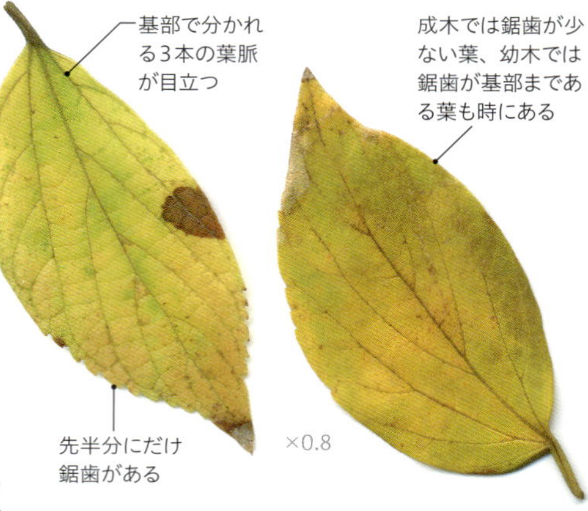
基部で分かれる3本の葉脈が目立つ
先半分にだけ鋸歯がある
×0.8
成木では鋸歯が少ない葉、幼木では鋸歯が基部まである葉も時にある

解説 低地の林縁や河原、雑木林などに生える身近な木。ヒヨドリなどが果実をよく食べるので、道端や公園、庭の隅などにもよく生えてくる。外観はケヤキに似るが、より低い位置で幹が分枝し、横広がりの樹形になりやすい。葉は先半分にギザギザがあることが特徴で他種と区別できる。秋はオレンジ～赤色の食べられる果実がなり、比較的色濃く黄葉してなかなか目立つ。

花 芽吹きと同時に花が咲くが、黄緑色で地味。雌雄同株（4/5 東京）

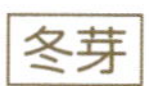
冬芽 おむすび形で小さい。小枝はジグザグで毛が生える ×2

実 黄→オレンジ→赤色と熟してカラフル（10/4 山口）

実 冬は黒～褐色に乾燥してやがて落ちる（12/16 広島）

樹皮 裂け目はなく、表面は砂のようにざらつく。間隔をおいて横向きのすじが入ることが多い

紅葉 丸い樹形が特徴。江戸時代には一里塚にエノキが植えられ、各地に大木が残る（11/25 京都・嵐山）

ムクノキ 椋木

（アファナンテ アスペラ）

学名：Aphananthe aspera
別名：ムクエノキ（椋榎）
中国名：糙葉樹
●アサ科ムクノキ属
●落葉高木（10～25ｍ）
●関東～沖縄

落葉広葉樹 傘

葉形 不分裂葉
つき方 互生
ふち 鋸歯縁

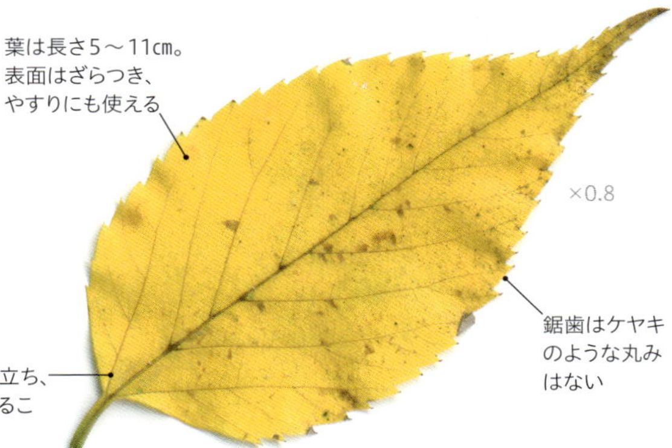
×0.8

葉は長さ5～11㎝。表面はざらつき、やすりにも使える

鋸歯はケヤキのような丸みはない

基部の側脈が長く目立ち、さらに外側に分岐することがケヤキとの違い

解説 エノキとともに身近な林縁や道端によく生える木で、河原や神社林、公園にも見られる。葉も樹形もケヤキによく似ているが、本種の葉は基部の葉脈が長いことや、ギザギザが角張る点などで見分けられ、紅葉も黄色一色であることが違い。秋に熟す果実は甘みがあって食べらる。ムクドリもこの果実を食べるが、ムクドリとムクノキ、どちらの名が先なのかは定かでない。

×1
×1

実 果実は径1㎝前後で次第にしわが入り、見た目も味も干しブドウに似る

冬芽 水滴形でエノキやケヤキより大きく、白い伏毛が生える

花 若葉とともに緑白色の花が咲く。雌雄同株（4/22 山口）

実 白粉を吹いた黒紫色で、鳥や獣がよく食べる（12/30 長崎）

樹皮 白っぽくて縦にすじが入る。老木では裂けてはがれ、しばしば板根も発達する

紅葉 美しく黄葉したムクノキ。枝を扇形に広げた樹形になる（11/9 山口・紅葉谷公園）

シデ類 四手
(カルピヌス)

学名：Carpinus spp.
別名：ソロ、ソネ
中国名：鵝耳櫪、千金榆
●カバノキ科クマシデ属
●落葉高木（7～20ｍ）
●北海道～九州

葉先はイヌシデより長く伸びる
×0.6
シデ類はいずれも細かい重鋸歯がある
冬芽
長い水滴形で多くの芽鱗がある。枝はふつう有毛
▲アカシデ
学名：C. laxiflora
葉は長さ4～8㎝。
紅葉は赤～黄色で鮮やか
葉柄は長め
葉柄は短め
▲▶イヌシデ
学名：C. tschonoskii
葉は長さ5～9㎝。紅葉はくすんだ黄～オレンジ
堅果
実
径4㎜ほどの果実（堅果）に葉が変化した苞がつき、それが連なって長さ5～10㎝の果穂をつくる
苞
×0.7

（解説）春の花や秋の実をぶら下げる様子が、しめ縄にぶら下げる紙垂（白い紙の飾り）に似ることが名の由来で、主に４種がある。低地の林に多いのはイヌシデとアカシデで、特にアカシデは紅葉、若葉、花、いずれも赤みが強くて美しく、葉は最小。山地の林や渓流沿いに多いのはクマシデとサワシバで、葉は大きめで秋は黄葉し、果実の穂（果穂）はビールに使うホップに似て目立つ。

紅葉　アカシデの紅葉（10/31 広島）

花　イヌシデの花。芽吹き前に咲く（4/1 岡山）

紅葉　黄葉したイヌシデ。地味な色が多い（12/3 東京・井の頭公園）

紅葉　公園の林内で紅葉したアカシデの若木。シデ類では紅葉が最も鮮やか（12/3 東京・井の頭公園）

シデ類は平行に並ぶ側脈が目立つ
×0.6
側脈は分岐しない
×0.7
×0.6
基部付近の側脈はさらに外側に分岐する

▲クマシデ
学名：C. japonica
葉は細長く紅葉は黄色

実 クマシデの果穂は長さ5～10㎝。完熟すると褐色になる

実 サワシバの果穂は長さ15㎝にも達する（7/6 群馬）

◀サワシバ
学名：C. cordata 葉はシデ類最大で紅葉は黄色。別名サワシデ

●冬芽から開花・結実まで（アカシデ）

×1.2
ふくらみ始めた冬芽
×1.2
×1.2
雄しべが見えるので雄花とわかる

冬芽 赤褐色で多くの芽鱗に包まれる。枝は無毛

芽吹

雄花 アカシデの花序は赤みを帯びる。雌雄同株（4/5 東京）

若い実 長い果穂は10㎝前後になる（6/12 東京）

実 褐色に熟した果穂（11/5 千葉）

樹皮の比較

シデ類４種は樹皮にも違いがあり、区別点の一つになります。

アカシデは細い縦すじがあり、縦のうねがやや入る

イヌシデはやや太い縦すじが目立つ

クマシデはミミズばれ状の縦すじが入り、次第に裂ける

サワシバはやや菱形の網目状に浅く裂ける

ヤシャブシ類 夜叉五倍子

学名：Alnus spp.
中国名：榿木、赤楊
●ハンノキ科ハンノキ属
●落葉高木～低木（2～15m）
●北海道～九州

葉芽
冬芽
芽鱗は少数で光沢がある
雌花の芽
葉は長さ6～15cmで大きく広い
×1
雄花の芽
×0.8
×0.6
実
果穂は中型で1～3個ずつつく
葉は長さ5～12cm
×1
翼のある小さな果実が果穂からこぼれる
▲ヤシャブシ
学名：A. firma
本州～九州の山地に分布
▲オオバヤシャブシ
学名：A. sieboldiana
関東～九州の暖地に多い
×0.8
実
果穂は大型で1個ずつつく
×0.6
葉は長さ5～12cmで細い
雄花の芽
×1
冬芽
果穂は小型で3～6個ずつ垂れてつく
実
×0.8
▲ヒメヤシャブシ
学名：A. pendula
低木で主に日本海側に分布

（解説）山野の明るい場所に生える木。やせ地でも早く育つため、道路やダム建設時にできた斜面（法面）の緑化によく植えられ、各地で野生状に見られる。葉は紅葉せず、緑のまま落葉するか樹上で褐色化する。秋に熟す松かさ状の実（果穂）や花芽が目立ち、よい区別点になる。実をインド神話の鬼神・夜叉に見立て、フシ（ヌルデ）の代用にタンニンを採取したという。

実 果穂と花芽をつけたオオバヤシャブシ。緑色のまま枯れた葉が残っている（1/18 山口・防府）

花 オオバヤシャブシの花。上が雌花、下が雄花（3/27 山口）

樹皮 オオバヤシャブシやヤシャブシは割れてはがれる

ハンノキ類 榛木

学名：Alnus（アルヌス） spp.　中国名：桤木　●ハンノキ科ハンノキ属　●落葉高木（7～20m）　●北海道～九州　解説 湿地や河原に生えるハンノキと、尾根や山地の林にも生えるヤマハンノキがある。秋に熟す松かさ状の実（果穂（かすい））はよく似るが、葉は明らかに異なる。花は毛虫のように長い穂状で、ふつう冬～春に咲くが、11～12月に咲く個体もある。

花 ヤマハンノキ。上が雌花、下の長い穂が雄花（2/23 神奈川）

実 ヤマハンノキの果穂と花芽（10/20 広島）

鋸歯は低く目立たない
×0.5
実 果穂は1～2cmで数個つく
×0.8

▲ハンノキ
学名：A. hirsuta
葉は6～13cmの楕円形

×0.5
山形の重鋸歯が目立つ

▶ヤマハンノキ
学名：A. japonica
葉は径10cm前後のほぼ円形

ハシバミ類 榛

学名：Corylus（コリルス） spp.　中国名：榛　●カバノキ科ハシバミ属　●落葉低木（1.5～5m）　●北海道～九州　解説 ヘーゼルナッツ（セイヨウハシバミ）の仲間で主に山地に生え、秋に果実が熟し、どんぐり状の堅果（けんか）は食べられる。葉は秋に黄葉する。個体数が多いのは、実に角（つの）状の突起（果苞（かほう））があるツノハシバミで、角のないハシバミは珍しい。

実 ツノハシバミの果実を割ってみた。角の部分に生える剛毛は手に刺さるので注意（10/5 山口・寂地山）

冬芽
赤くて小豆のよう
×0.8
×0.5
雄花の芽

◀▶ツノハシバミ
学名：C. sieboldiana
葉は菱形状の楕円形

実 ハシバミの実（10/20 広島）

×0.5

▶ハシバミ
葉は横広で、先をちぎったような形
学名：C. heterophylla

シラカバ 白樺

学名：Betula platyphylla（ベツラ プラティフィラ）
別名：シラカンバ（白樺）
中国名：白樺
●カバノキ科カバノキ属
●落葉高木（10～25m）
●北海道～中部地方

鋸歯はしばしば重鋸歯にもなる
×0.8
側脈は5～8対
×1
冬芽
数枚の芽鱗が見え、先は鈍い
果穂（かすい）
実
秋～冬に果穂がばらけ、翼のある小さな果実が風に舞う
果鱗（かりん）（葉が変化したもの）
果実

解説 まっ白な幹が美しく、秋は上品な黄葉と相まって爽快な印象がある。ただし、黄葉した葉はすぐに褐色化しやすい。冷涼な山地の明るい林や高原などに群生し、寒地では街路や庭、観光地などによく植えられる。東京などの暖地では育ちが悪いので、ヒマラヤ原産の別種ジャクモンティーが代用によく植えられる。よく似たダケカンバは、樹皮の色や葉脈（ようみゃく）の数で見分けられる。

紅葉 シラカバとミズナラの雑木林。シラカバは既に多くの葉が散り、白い幹が目立つ（10/25 山梨・瑞牆山）

若い実 果穂は長さ3～5cm（6/30 青森）

枝の落ちた痕が「へ」の字形に黒く残る

樹皮 白い樹皮が紙のように薄くはがれ、横向きの皮目がある。幼木の樹皮は赤褐色（右）

ダケカンバ 岳樺

学名：Betula ermanii　別名：ソウシカンバ（草紙樺）　中国名：岳樺　●カバノキ科カバノキ属　●落葉高木（10～25ｍ）●北海道～中部地方・四国　解説 シラカバに似るがより標高の高い山地に多く、樹皮はオレンジ色を帯び、への字模様はない。葉は側脈が多く、果穂は上向きでばらけにくいことが違い。秋は上品に黄葉する（p.172）。

側脈は7～15対
×0.5

樹皮 オレンジ～ピンク色を帯びた白色

ウダイカンバ 鵜飼樺

学名：Betula maximowicziana　別名：マカンバ（真樺）●カバノキ科カバノキ属　●落葉高木（15～30ｍ）　●北海道～中部地方　解説 山地に生え、樹皮はややシラカバに似て銀灰～白色。葉は長さ８～15㎝と大きく、基部は深く湾入し、秋は黄葉する。

×0.9 実

樹皮 （6/4 群馬）

×0.4

ミズメ 水目

学名：Betula grossa　別名：アズサ（梓）、ミズメザクラ（水目桜）、ヨグソミネバリ（夜糞峰榛）●カバノキ科カバノキ属　●落葉高木（10～25ｍ）　●本州～九州　解説 山地のミズナラ林などに生える。幹や枝の樹皮を削ると湿布薬のような匂いがあることが大きな特徴。これはウダイカンバも同じだが、本種の方が葉が6～13㎝と小さめ。

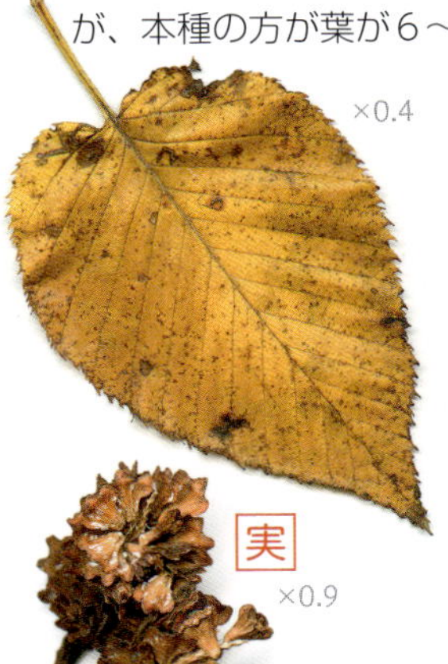
×0.4
実
×0.9

樹皮 銀灰色で横向きの皮目がある

アサダ

学名：Ostrya japonica　別名：ハネカワ（刎皮）、ミノカブリ（蓑被）　中国名：鐵木　●カバノキ科アサダ属　●落葉高木（10～25ｍ）　●北海道～九州　解説 樹皮が短冊状に裂け、反るようにはがれる。山地に点在するが少なく、北海道に多い。葉は両面に毛が多く、秋は黄葉する。実はシデ類に似るが、堅果が袋状の苞に包まれる。

樹皮 特徴的な樹皮に由来する別名が多い

有毛で触るとフサフサする
×0.4

ソメイヨシノ 染井吉野

学名：Cerasus ×yedoensis 'Somei-yoshino'
別名：ヨシノザクラ（吉野桜）
中国名：東京櫻花
●バラ科サクラ属
●落葉高木（8～15m）
●園芸種（北海道～九州で植栽）

葉は楕円形でやや厚く、長さ8～14cm
×2
×0.7
×2
葉柄や葉裏の脈上はやや有毛
葉柄の上部にふつう1対のイボ状の蜜腺がある。若葉では蜜が出てアリが来る

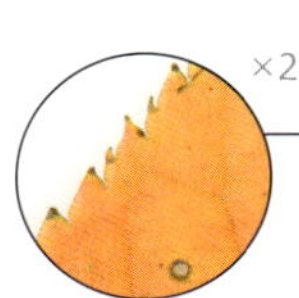
鋸歯の先はあまり伸びない

解説 花見の名所や街路、公園などに日本で最も多く植えられているサクラ。江戸時代に東京の染井村で「吉野桜」の名で売られたことが名の由来で、エドヒガンとオオシマザクラ、ヤマザクラの交雑で生じたとされる栽培品種。秋は比較的鮮やかな赤～オレンジ色に紅葉し、都市部ではよく目につく。サクラ類は葉柄付近に蜜腺があることが特徴で、花は春、果実は初夏につく。

紅葉 夏に落葉し始める個体も多く、秋は葉が少なめ（11/11 広島・佐伯）

紅葉 紅葉の前半。まだ葉緑素が残った葉が多い。日陰の葉は黄色くなる（11/20 山口・防府）

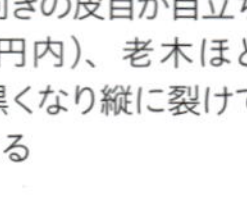

樹皮 若木は銀灰色で横向きの皮目が目立ち（円内）、老木ほど黒くなり縦に裂けてくる

●冬芽から芽吹き・開花・結実まで

葉芽
花芽

冬芽 芽鱗に毛が多い。細い芽は葉芽、太い芽は花芽

芽吹 蕾 花芽が先に芽吹く（4/5 東京）

花 葉に先立って花が密集して咲くことがソメイヨシノの特徴（4/7 山口）

若葉 葉芽からは葉だけが出る（4/17 広島）

実 雑種なので結実は少ないが、初夏に赤～黒色に果実が熟す。味は苦い（6/2 山口）

花 芽吹 花が散る頃に葉が芽吹く（4/17 広島）

類似種

オオシマザクラ 大島桜

学名：C. speciosa（スペキオサ） ●関東南部～伊豆など

解説 伊豆大島周辺に自生し、暖地で時に植栽、野生化が見られる。花は白色で、緑色の若葉と同時に開く。紅葉は黄～赤橙色。八重桜（やえざくら）の多くは本種を中心とした栽培品種。

葉は9～15cm で全体無毛
×0.4
鋸歯の先は糸状に伸びる
×2

花 オオシマザクラの花と若葉（4/9 東京）

類似種

エドヒガン 江戸彼岸

学名:C. spachiana（スパキアナ） 別名:ヒガンザクラ（彼岸桜） ●本州～九州

解説 山地の林に生え、時に社寺や公園に植栽される。枝が垂れる品種をシダレザクラと呼び、各地に多く植えられている。葉は細く、ふつう黄葉する。

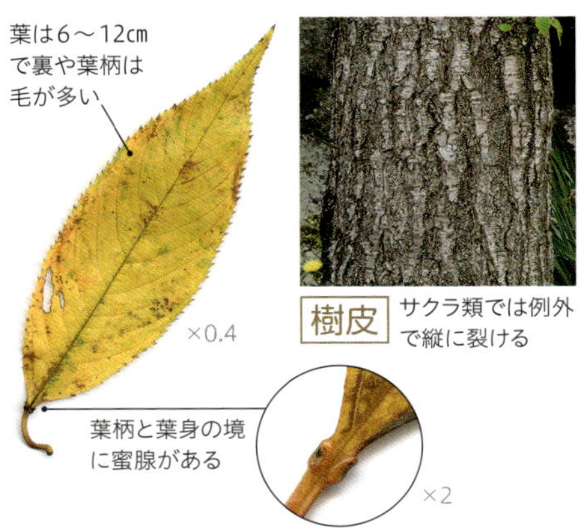
葉は6～12cm で裏や葉柄は毛が多い
×0.4
葉柄と葉身の境に蜜腺がある
×2

樹皮 サクラ類では例外で縦に裂ける

ヤマザクラ 山桜

学名：Cerasus jamasakura
（ケラスス ヤマサクラ）

中国名：山櫻花

- バラ科サクラ属
- 落葉高木（10～25m）
- 東北南部～九州

葉先は伸びる

葉は長さ7～13cmで無毛。小ぶりな鋸歯がある

×0.7

葉柄にイボ状の蜜腺ふつうが1対ある

葉芽
×1.5
花芽

冬芽 無毛で芽鱗が少し開くことが特徴

樹皮 紫褐色を帯び、横向きの皮目が多い

（解説）野生のサクラの代表種で、低地～山地の雑木林によく生え、公園などにも植えられる。桜の名所・奈良県吉野山のサクラは大半がヤマザクラ。ソメイヨシノと異なり、花と赤い若葉が同時に出て、葉や冬芽は無毛。葉は整った楕円形で、秋は朱赤色に紅葉してなかなか美しい。赤と黄色に染め分けたような葉も多い。寒地に多いカスミザクラやオオヤマザクラの紅葉も同様。

花 薄ピンクの花と赤みを帯びた若葉が同時に出る（4/5 群馬）

実 初夏に赤～黒紫色の果実がなる。甘みと苦みがある（6/11 広島）

紅葉 枝は斜上して逆三角形状の樹形になる（10/16 広島・吉和）

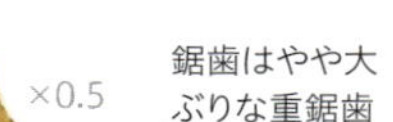

×0.5

鋸歯はやや大ぶりな重鋸歯

葉表や葉柄は有毛

類似種

カスミザクラ 霞桜

学名：C. leveilleana

- 北海道～九州

（解説）ヤマザクラより山側に多く、花期が1週間ほど遅く、若葉は緑色を帯びた褐色。

類似種

オオヤマザクラ 大山桜

学名：C. sargentii　別名：エゾヤマザクラ（蝦夷山桜）●北海道・本州・四国（解説）北海道や寒地に多く、春の花はピンク色。葉はやや大型。
（サージェンティー）

葉は無毛。鋸歯はやや大ぶり

×0.5

ウワミズザクラ 上溝桜

学名：Padus grayana（パドゥス グレイアナ）
中国名：灰葉稠李
●バラ科ウワミズザクラ属
●落葉高木（10～25m）
●北海道～九州

冬芽

×1.5
冬芽
うすのような枝痕（枝が落ちた跡）の横につく
枝痕（しこん）

×0.7
葉脈が凹んでしわが目立つ
葉の中央か基部寄りで幅が最大
葉柄は短い

落葉広葉樹
葉形 不分裂葉
つき方 互生
ふち 鋸歯縁

解説 山地の林によく生える木で、関東以北では低地の雑木林にもふつうに見られる。サクラ類と近縁だが、花がコップ洗いのブラシ状につく点で大きく異なり、葉の蜜腺（みつせん）はほとんど目立たず、樹皮もあまりサクラ肌にならない。秋の紅葉は澄んだ色で美しく、朱色、山吹色、黄色など個体によって異なる。果実は夏に熟して鳥や獣に食べられるので、紅葉の時期には残っていない。

樹皮
紫色を帯びた暗い灰色で、短い横向きの皮目があるか、全体がざらつき次第にひび割れる

花 初夏に総状の花序につく（5/12 広島）

実 7～9月に赤～黒紫色に熟し、甘みがあり食べられる（7/22 川崎）

紅葉
ウワミズザクラの黄葉（12/4 神奈川・秦野）

類似種

イヌザクラ 犬桜

学名：P. buergeriana（ビュルゲリアナ）
別名：シロザクラ（白桜）
中国名：布氏稠李、橉木
●本州～九州 解説 ウワミズザクラに似るが、若い樹皮は白い。紅葉は赤橙～ピンク色。

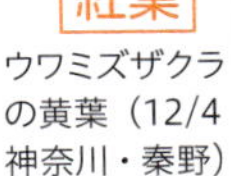

葉はやや細く、先広の形
×0.5

紅葉
ウワミズザクラの紅葉（10/16 長野・乗鞍岳）

アズキナシ 小豆梨

学名：Aria alnifolia　中国名：赤楊葉梨 ●バラ科アズキナシ属 ●落葉高木（5～15m）●北海道～九州 解説 山地や里山の林に生え、寒地に多い。秋に赤く熟す果実は長さ1㎝弱で、ナシのような食感で小さいことが名の由来。ウラジロノキに似るが、葉の鋸歯は低く、裏は毛が少なくあまり白くない。秋はオレンジ色や黄色に紅葉する。

葉は長さ5～10㎝。
小ぶりな重鋸歯
×0.4

紅葉 実（10/18 広島）

ウラジロノキ 裏白木

学名：Aria japonica ●バラ科アズキナシ属 ●落葉小高木（4～12m）●本州～九州 解説 低山～山地の尾根などに点在する。葉裏は毛が密生して白く、大小2重になる大きな山形の鋸歯が目立つ。秋は黄またはオレンジ色に紅葉するが、褐色化しやすい。果実は赤色で、ジャリジャリするが可食。若い枝や果柄もしばしば白毛で覆われる。

大きな重鋸歯
×0.4
×1
長さ1㎝前後で橙～赤色（10/17 愛媛）実

オオウラジロノキ 大裏白木

学名：Malus tschonoskii　別名：ズミノキ（酸実木）●バラ科リンゴ属 ●落葉高木（5～15m）●本州・四国・大分 解説 山地の尾根などに生える珍しい木。秋はオレンジ～赤色に紅葉し、なかなか美しい。果実も秋に熟し、径約3㎝のリンゴ状で赤みを帯び、可食だがかなり渋くすっぱい。葉は細かい鋸歯があり、裏は毛が多くやや白い。

×0.4
×0.5
実

樹皮 小枝が刺状になる（11/2 広島）

ヒメリンゴ 姫林檎

学名：Malus prunifolia　別名：イヌリンゴ（犬林檎）中国名：楸子 ●バラ科リンゴ属 ●落葉小高木（2～5m）●中国原産（各地に植栽）解説 名の通りリンゴを小型にしたような木で、庭木や鉢植えにされる。秋は径2～3㎝の果実がぶら下がるが、生食には向かない。紅葉は黄色系で、早くに落葉することも多いので目立たない。

初秋の葉
×0.4
実 果柄は長い（10/31 宮城）

花 春に咲く（4/13 広島）

ヤマブキ 山吹

学名：Kerria japonica　中国名：棣棠花 ●バラ科ヤマブキ属 ●落葉低木（1～2m）●北海道～九州 解説 里山や山地の林に生え、庭や公園にも植えられる。春に咲く花は濃い黄色で、山吹色と呼ばれる。秋は比較的鮮やかに黄葉し、1～5個集まった果実（痩果）が褐色に熟す。葉は互生で、よく似たシロヤマブキは対生。

×1
若い実
×0.5
枝や幹は緑色

紅葉 細い幹を多数出す（12/16 神奈川）

ザイフリボク 采振木

学名：Amelanchier asiatica（アメランキエル アシアティカ） 　別名：シデザクラ（四手桜）中国名：東亞唐棣 ●バラ科ザイフリボク属 ●落葉小高木（3～7m）●本州～九州 解説 山地の尾根などに生える。春に白花が咲き、初秋に黒紫色の実がなる。葉は赤橙～黄色に紅葉し、冬芽は赤色で美しい。北米原産の近縁種ジューンベリー（果期は6月）が庭木にされる。

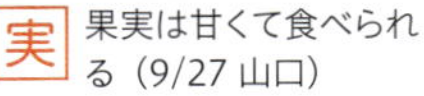

実 果実は甘くて食べられる（9/27 山口）

×0.6
白毛が生える
冬芽
×1.5

落葉広葉樹 傘
葉形 不分裂葉
つき方 互生
ふち 鋸歯縁

カマツカ 鎌柄

学名：Pourthiaea villosa（ポウルティアエア ウィロサ） 　別名：ウシコロシ（牛殺）中国名：毛葉石楠 ●バラ科カマツカ属 ●落葉小高木（2～5m）●北海道～九州 解説 山地～低地の林に生える。葉は先広の形で、秋はオレンジ～赤色や黄色に紅葉し、数個ずつぶら下がる赤い果実が同時に熟す。名は堅い幹を鎌の柄に使ったためで、別名は牛の鼻木などに使ったため。

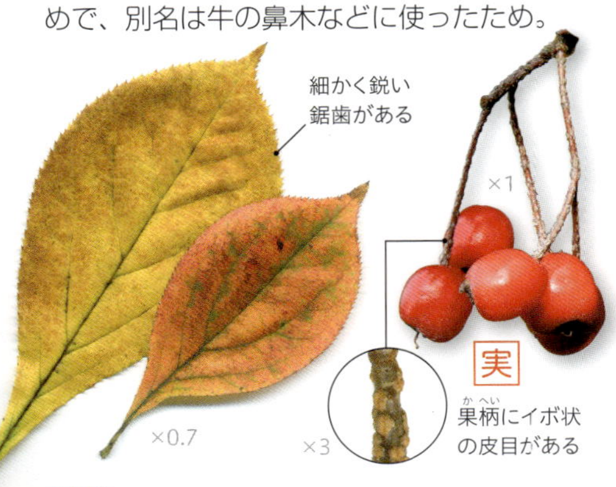
細かく鋭い鋸歯がある
×1
×0.7
×3
実
果柄にイボ状の皮目がある

紅葉 葉は短い枝（短枝）に束状に集まってつく傾向がある（10/23 愛媛・石鎚山）

実 リンゴのような味で食べられる（10/3 兵庫）

樹皮 平滑で縦すじが入る（6/15 広島）

ユキヤナギ 雪柳

学名：Spiraea thunbergii（スピラエア ツンベルギー） 中国名：珍珠繍線菊 ●バラ科シモツケ属 ●落葉低木（0.5～2m）●東北南部～九州 解説 庭や公園、生垣によく植えられ、川岸に自生もする。春はヤナギのように垂れる枝に雪のような白花が咲き、初夏に小さな果実がつく。秋は細い葉が赤～オレンジ色に紅葉し、しばしば狂い咲きの花が少数見られる。

×0.8

紅葉 花 狂い咲き（12/1 山口）

シダレヤナギ 枝垂柳

学名：Salix babylonica（サリクス バビロニカ） 別名：イトヤナギ（糸柳） 中国名：垂柳 ●ヤナギ科ヤナギ属 ●落葉高木（5～15m）●中国原産（各地で植栽） 解説 水辺や街路に植えられ、単にヤナギというと本種を指すことが多い。枝が長く垂れる樹形がおなじみで、葉は非常に細長い。秋は多少黄葉するが、緑色のままの葉も多く、華やかさはない。

紅葉 黄葉と緑の葉が交じる（12/3 東京）

葉は長さ8～13㎝。鋸歯は細かい
×0.6
×1.5
つやつやしている

冬芽

イイギリ 飯桐

学名：Idesia polycarpa（イデシア ポリカルパ） 別名：ナンテンギリ（南天桐） 中国名：山桐子 ●ヤナギ科イイギリ属 ●落葉高木（8～20m）●本州～沖縄 解説 低地～山地の谷近くなどに生え、時に植栽される。葉はキリに似て長さ10～20㎝、飯を包むのに使われたという。秋の黄葉は淡い色で地味だが、雌株はナンテンのような赤い実が多数つき目立つ。

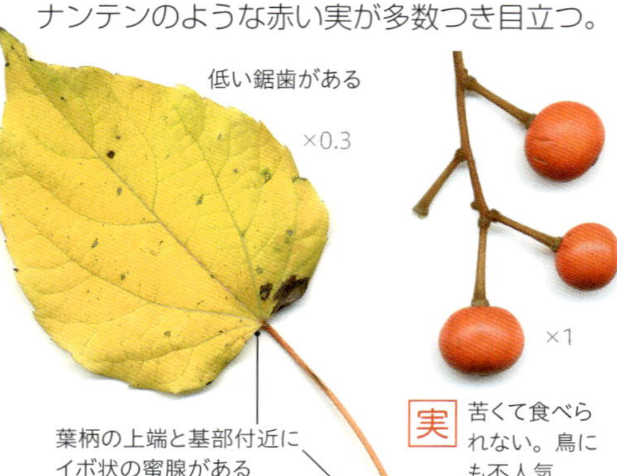
低い鋸歯がある
×0.3
葉柄の上端と基部付近にイボ状の蜜腺がある
×1

実 苦くて食べられない。鳥にも不人気

紅葉 冬も果実が残った姿が目立つ。幹から車輪状に枝を出す樹形が特徴（12/29 岐阜・金華山）

実 ブドウの房状にぶら下がる（12/30 沖縄）

樹皮 裂け目はなく、イボ状の皮目がある

ポプラ類 poplar

学名：Populus spp.（ポプルス）
別名：ヤマナラシ（山鳴）、ハコヤナギ（箱柳）
中国名：楊
●ヤナギ科ヤマナラシ属
●落葉高木（10～30m）
●北海道～九州

×0.5

葉柄は扁平

◀▲イタリアポプラ
学名：P. nigra var. italica
別名：セイヨウハコヤナギ。葉の大小は変異がある

解説「ポプラ」はヤマナラシ属の総称で、ふつうは外国産の樹種を指す。有名なのは細長いのっぽな樹形のイタリアポプラ（ヨーロッパ原産）で、秋は三角形状の葉が美しく黄葉する。葉に切れ込みが入るギンドロ（p.39）もポプラの仲間。日本産種では、寒地の山野に生えるヤマナラシが黄色、時に赤橙色に紅葉するほか、中部地方以北に分布するドロノキの黄葉もなかなか美しい。

×0.5
乾くと黒くなる
葉柄は扁平

◀ドロノキ
学名：P. suaveolens 別名：ドロヤナギ。葉は楕円形で裏は白く網目が目立つ

▲ヤマナラシ
学名：P. tremula 別名：ハコヤナギ。葉は丸みのある三角状

紅葉 ヤマナラシの若木の紅葉（10/31 宮城）

樹皮 ヤマナラシの若い幹は、菱形の皮目があり特徴的

実 ドロノキの果実。夏に熟して裂け、綿毛に包まれた種子を飛ばす（9/14 石川・白山）。ヤマナラシやイタリアポプラの種子も綿毛に包まれ、果期は初夏

紅葉 イタリアポプラの黄葉（11/19 神奈川・秦野）

紅葉 ドロノキの黄葉（9/26 北海道・層雲峡）

マンサク 満作、万作

学名：Hamamelis japonica（ハマメリス ヤポニカ）

●マンサク科マンサク属

●落葉小高木（3～10m）

●本州～九州

×0.6

葉は長さ6～14cmでゆがんだ菱形状。鋸歯は鈍い

葉芽（ようが）

花芽（かが）

冬芽 褐色の毛をかぶる

花 マンサクの花。花弁は黄色で細長く、がくはふつう赤色（3/2 東京）

若い実 秋に褐色に熟し2裂する（8/7 富山）

解説 木々が芽吹く前の早春に花が咲くことから、「まず咲く」が名の由来といわれる。山地の尾根などに生え、時に庭や公園にも植えられるが、中国原産で花が大きなシナマンサクやその交配種も植えられている。秋は両者とも比較的鮮やかに黄葉し、シナマンサクは枯れ葉が枝に残りやすい。日本海側に分布するマンサクの変種マルバマンサクは、赤橙色に紅葉することが多い。

×0.6

変種マルバマンサクは葉先が丸い。紅葉した葉は桜餅の香りがすることがある

紅葉 マンサクの黄葉（11/16 東京・多摩森林科学園）

類似種

シナマンサク 支那満作

学名：H. mollis（モリス）　中国名：金縷梅 ●中国原産 解説 鋸歯は目立たず、葉裏に毛が密生し、枯れ葉は枝によく残ることがマンサクとの違い。

×0.4

花 シナマンサクの花（3/14 広島）

トサミズキ 土佐水木

学名：Corylopsis spicata　中国名：蠟瓣花（※属名）●マンサク科トサミズキ属 ●落葉低木（2〜5m）●高知（各地で植栽）

解説 春の淡い黄花と、円形〜ハート形の葉がかわいらしく、公園や庭に植えられる。秋は美しく黄葉し、果実（蒴果）もぶら下がる。同属で全体的に小さなヒュウガミズキも植栽される。

紅葉 根元から多数の幹を出した株立ち樹形で、枝ぶりも美しい（12/3 東京・井の頭公園）

種子をこぼした穴
×1
×0.5
鋸歯は低い

実 果実は熟すと裂けて黒い種子を2個出す

×0.5

▲ヒュウガミズキ
学名：C. pauciflora
樹高は1m前後

実 裂ける前の果実（10/18 高知）

シナノキ 科木、椴

学名：Tilia japonica　中国名：華東椴 ●アオイ科シナノキ属 ●落葉高木（7〜25m）●北海道〜九州 解説 北国の山地に多い木で、公園や街路にも植えられる。葉はゆがんだハート形で、秋は比較的鮮やかに黄葉し、プロペラ状の苞がついた果実が風に舞う。同属でよく似た中国原産のボダイジュ（菩提樹）は社寺に植えられる。

紅葉 カツラにも似るが、シナノキは互生で葉先が突き出ることが違い（11/30 福岡・久留米）

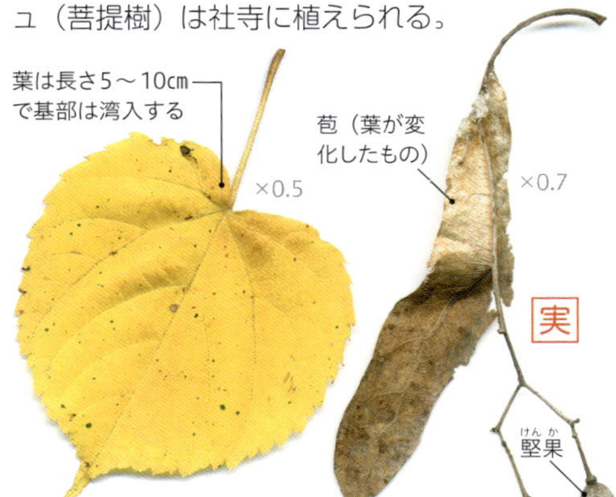
葉は長さ5〜10cmで基部は湾入する
×0.5
苞（葉が変化したもの）
×0.7
実
堅果

樹皮 縦に裂け、丈夫なので縄や布に使う

実 ボダイジュの果実（7/7 神奈川）

リョウブ 冷法

学名：Clethra barbinervis（クレトラ バルビネルウィス）
中国名：髭脈桤葉樹
●リョウブ科リョウブ属
●落葉小高木（3～10m）
●北海道～九州

冬芽
芽鱗がとれた冬芽
×0.6
×0.7
×1

葉は先広の形で長さ6～15cm

実 長さ10～20cmの果序に果実が多数つき、3裂して小型の種子をこぼす

解説 山地～低地の尾根やマツ林に生え、時に庭や公園に植えられる。真夏に咲く白い穂状の花が目立ち、秋は褐色の実（蒴果（さくか））となって垂れ下がる。葉は枝先に集まり、秋は寒地ほど鮮やかな赤橙～黄色に紅葉し、幼木の葉は時にまっ赤に染まる。樹皮はナツツバキに似てまだら模様になり、老木ほどすべすべになるので、本種を「猿滑り（さるすべり）」と呼ぶ地方もある。

冬芽 芽鱗は次第に笠状にはがれる（2/7 東京）

花 長い花序を「竜尾」に見立てたことが名の由来とも（6/21 東京）

樹皮 薄片となってはがれ、褐色や白、オレンジ色のまだら模様になる。樹皮があまりはがれない個体もある（円内）

紅葉 シカの角状に分岐する枝ぶりも特徴（10/19 広島・吉和）

アワブキ 泡吹

学名：Meliosma myriantha（メリオスマ ミリアンタ） 中国名：多花泡花樹 ●アワブキ科アワブキ属 ●落葉高木（7～15ｍ） ●本州～九州 解説 ホオノキにも似た大きな葉で、秋は比較的鮮やかに黄葉し、次第に褐色を帯びて色濃くなる。果実も初秋に赤→黒紫色に熟すが、あまり目立たない。山地の林に点在して生え、名は材を燃やすと泡を吹くためといわれる。

紅葉 日当たりのよい場所では濃い黄色に染まって美しい（10/31 広島・三段峡）

実 果実は径5㎜前後（9/18 広島）

冬芽 褐色の毛に覆われグローブのような形

×1.5

アワブキの葉は長さ10～25㎝。ホオノキより小型で鋸歯がある

×0.5

ケンポナシ 玄圃梨

学名：Hovenia dulcis（ホーフェニア ドゥルキス） 中国名：北枳椇 ●クロウメモドキ科ケンポナシ属 ●落葉高木（10～25ｍ） ●本州～九州 解説 低地～山地の林に時に生える。秋に熟す果実が個性的で、柄が果実状にふくれ、ナシの味がして食べられる。名は「手棒梨（てんぼうなし）」がなまったといわれる。葉はクワの不分裂葉に似ており、秋は多少黄葉するが目立たない。

鋸歯がクワ類と異なる

×0.3

実 褐色の太い柄に紫褐色の実がつく（9/2 東京）

ナツメ 棗

学名：Ziziphus jujuba（ジジフス ユユバ） 中国名：棗 ●クロウメモドキ科ナツメ属 ●落葉小高木（3～8ｍ） ●中国原産（各地で植栽） 解説 果実は秋にくすんだ赤色に熟し、リンゴのような味で、生食や滋養強壮の薬用にされる。庭や畑に植えられるが近年は少ない。葉は3本の脈が目立ち、光沢が強く、秋は黄葉する。葉の基部にトゲが出る個体もある。

実 果実は2～4㎝でしわが入る（10/9 山口）

実
×0.6
ウラ
×1

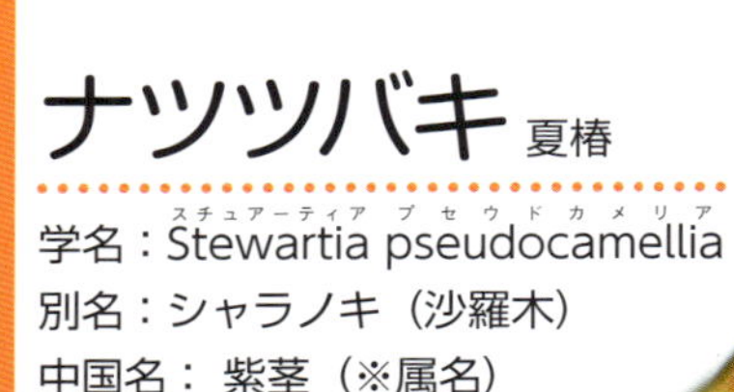

ナツツバキ 夏椿

学名：Stewartia pseudocamellia
別名：シャラノキ（沙羅木）
中国名： 紫茎（※属名）
●ツバキ科ナツツバキ属
●落葉高木（7～15m）
●東北南部～九州

鈍い波状の
鋸歯がある
果実は径1.5㎝ほどで
ヒメシャラより大きい
実
×0.8
葉脈は
よく凹む
冬芽
細長くて2枚の
芽鱗に包まれる
×1

解説 ツバキの仲間で夏に花が咲くのでこの名があり、仏教の聖樹・沙羅双樹（本来は熱帯アジア原産のフタバガキ科の別種）に見立てたことから、シャラノキの別名がある。山地のブナ林に時に生え、花、樹皮、紅葉とも美しいことから、庭や公園、社寺によく植えられる。葉は楕円形で、秋はややくすんだオレンジ色に紅葉することが多い。果実も秋に褐色に熟し、枝に長く残る。

実 熟すと5つに裂け、長さ約6㎜の種子をこぼす（11/8 神奈川）

花 清楚な白色で径6㎝前後。花弁は5枚（6/6 東京）

樹皮
不規則にはがれ、褐色やベージュ、オレンジ色などのきれいなまだら模様になる

紅葉
枝を斜上させ縦長の樹形になる。葉緑素がなかなか抜け切らない印象がある（10/21 神奈川・山北）

ヒメシャラ 姫沙羅

学名：Stewartia monadelpha（スチュアーティア モナデルファ）　別名：コナツツバキ（小夏椿）●ツバキ科ナツツバキ属　●落葉高木（7～20m）●関東西部～近畿・四国・九州（本州以南で植栽）解説 ナツツバキより葉、花、実が小型なのでこの名があり、庭や公園に植えられる。葉はやや細い卵形で、秋はややくすんだ赤橙色に紅葉し、逆光で見ると美しい。

鋸歯は低く、
目立たない
×0.8
×1

実 径約1cmで5裂する

紅葉 自生は一部の山地に限られる。木はナツツバキよりむしろ大きくなる（10/23 愛媛・石鎚山）

花 実 花は径3cm程度（5/27 高知）

樹皮 オレンジ1色か、まだら模様になる

サワフタギ 沢蓋木

学名：Symplocos sawafutagi（シンプロコス サワフタギ）　別名：ルリミノウシコロシ（瑠璃実牛殺）、ニシゴリ（錦織）中国名：砕米子樹　●ハイノキ科ハイノキ属　●落葉小高木（2～4m）●北海道～九州　解説 山地～低地に生え、秋に熟す青～瑠璃（るり）色の果実が何といっても美しい。葉は多少黄葉する程度で地味。よく似たタンナサワフタギの果実は黒色。

葉は先広で、
葉脈が凹む
×0.5
×1

実 青い果実が短い穂につく（9/19 広島）

フサザクラ 房桜、総桜

学名：Euptelea polyandra（エウプテレア ポリアンドラ）　●フサザクラ科フサザクラ属　●落葉高木（5～15m）●本州～九州　解説 山地の沢沿いによく群生し、春の芽吹き前に、地味な赤花が束状につく様子からこの名がある。葉は丸くて先が突き出る独特の形で、秋はくすんだ黄～褐色に紅葉する。果実はゴルフのドライバーのような形で秋に熟す。

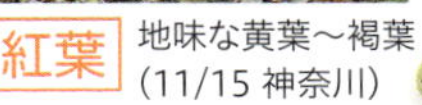

紅葉 地味な黄葉～褐葉（11/15 神奈川）

×0.4
×1

実 翼果（よくか）

キブシ 木五倍子

学名：Stachyurus praecox（スタキウルス プラエコクス）
別名：キフジ（木藤、黄藤）
中国名：通條樹、旌節花
●キブシ科キブシ属
●落葉小高木（3～7m）
●北海道～九州

×0.6
若い実
側脈はカーブしてやや長く伸びる
×0.5
葉芽（ようが）
×0.8
花芽（かが）
冬芽
基部は少し湾入する

7月の果実。長さ3～10㎝の果序にぶら下がる

長い穂につく花芽が特徴

(解説) 山地～低地まで林縁などに広く生え、早春にぶら下げる黄花が目立つ。紅葉はややくすんだ色が多いが、条件がよいと鮮やかな赤～オレンジに染まる。果実はブドウの房のようにつき、秋に淡い黄緑～赤褐色に熟す。葉はサクラに似た楕円形が多いが、長い葉や小さな葉など、変異が大きい。名はフシ（ヌルデ）同様に果実から黒色染料のタンニンを採取したため。

紅葉 実 紅葉し始めで紫色を帯びた葉も多い。果実も熟し、少し赤みを帯びている（10/17 山梨・三国峠）

花 芽吹き前、長さ5～10㎝前後の花序に、淡い黄色の花をぶら下げる。雌雄異株（3/23 広島）

紅葉 株立ち樹形で、枝を垂らすように湾曲して伸ばすことが多い（10/30 神奈川・丹沢）

エゴノキ

学名：Styrax japonica（スティラクス ヤポニカ）　中国名：野茉莉　●エゴノキ科エゴノキ属　●落葉小高木（5～12m）●北海道～沖縄　解説 低地～山地の林に点在し、初夏の白花が美しく、時に庭や公園にも植えられる。サクランボのようにぶら下がる若い果実は有毒のサポニンを含み、口にすると「えぐい」ことが名の由来。秋は黄葉するが淡い色で目立たない。

鋸歯は低い
×0.5
×0.8

実 11月に熟して裂けた果実

若い実 緑白色で目立つ（7/18 埼玉）

ハクウンボク 白雲木

学名：Styrax obassia（スティラクス オバッシア）　中国名：玉鈴花　●エゴノキ科エゴノキ属　●落葉小高木（7～15m）●北海道～九州　解説 初夏に雲のように連なって咲く白花が名の由来。山地に生え、街路樹などにもされる。果実は径1.5cmほどで、秋にエゴノキ同様に裂ける。葉は径20cmにもなる円形で、大型なので秋の黄葉も見応えがある。

×0.2
所々に鋸歯がある

若い実 果実はエゴノキより大きい（9/9 東京）

オオバアサガラ 大葉麻殻

学名：Pterostyrax hispida（プテロスティラクス ヒスピダ）　●エゴノキ科アサガラ属　●落葉高木（7～20m）●本州～九州　解説 枝は麻の茎に似て折れやすく、葉は長さ15～25cmで、西日本に産するアサガラより大きい。秋は緑色のまま落葉するか、淡く黄葉する程度。むしろ、ほこりをかぶったような実が目につき、冬もしばらく枝に残る。

×0.2
褐色の毛が密生
×0.7

実 果序は長さ15～20cm前後（9/11 埼玉）

コウヤボウキ 高野箒

学名：Pertya scandens（ペルティア スカンデンス）　中国名：長花帚菊　●キク科コウヤボウキ属　●落葉低木（0.2～1m）●東北南部～九州　解説 低地～山地の林内で、地際に枝を伸ばして茂る。高野山では昔、この枝を束ねてほうきを作ったという。9～10月頃に白～淡いピンクの花が咲き、その後、葉は黄～オレンジ色に紅葉し、冬に冠毛のある果実がつく。

×0.6

花（10/27 山口）

紅葉 淡い色が多い（12/29 岐阜）

実 桃～白色の毛が生える（1/20 山口）

アオハダ 青膚、青肌

学名：Ilex macropoda　中国名：大柄冬青
●モチノキ科モチノキ属 ●落葉小高木（5～15ｍ） ●北海道～九州 解説 山地～低地の林に生え、時に庭木にもされる。樹皮が薄く、つめではぐと中が緑色に見えるためこの名がある。葉は短い枝（短枝）に束状につくことが特徴で、秋は上品な淡い黄色に紅葉し、雌株は赤い果実もつく。

葉脈が凹んで
しわになる
×0.7
短枝
×1

実 径8㎜前で9～10月に赤熟する

紅葉 雑木林内で黄葉した個体。淡いレモンイエローの色合いでアオハダとわかる（11/6 富山・魚津）

実 短枝に葉と果実がつく（9/18 広島）

樹皮 粒状の皮目が多く、内皮は緑色

ウメモドキ 梅擬

学名：Ilex serrata　中国名：落霜紅 ●モチノキ科モチノキ属 ●落葉小高木（2～4ｍ） ●本州～九州 解説 葉や樹形がウメにやや似ることが名の由来。秋に熟す果実が鑑賞の対象で、実つきのよい栽培品種が庭や公園に植えられる。山地に自生もするが少ない。葉はアオハダより細く、紅葉は淡黄～黄緑色に染まる程度で目立たない。

×0.7
×1

実 果実は落葉後も枝に残る（9/10 埼玉）

フウリンウメモドキ 風鈴梅擬

学名：Ilex geniculata ●モチノキ科モチノキ属 ●落葉低木（2～4ｍ） ●北海道～九州 解説 山地のミズナラ林などに生える珍しい木で、秋に熟す赤い果実が、風鈴のように長い柄にぶら下がることが特徴。葉は長さ3～8㎝で、アオハダに似て葉脈が凹むが、やや先が長く伸びる。秋は多少黄葉するが、華やかさはない。

実 果柄は長さ2～4㎝で長い（10/17 熊本）

×0.6
実
×1

タマミズキ 玉水木

学名：Ilex micrococca（イレクス ミクロコッカ） 　中国名：小果冬青、朱紅水木　●モチノキ科モチノキ属　●落葉高木（7～20ｍ）●東海地方～九州　解説 西日本の低山に生える珍しい木。秋にサクラに似た葉が黄葉し、雌株は赤い果実をつけるのだが、果実が多い個体は、落葉後に残った果実で木全体が赤く見え、異様な姿となる。樹形はミズキに似る。

×0.4

実 径3～4㎜の液果が密集してつく（1/6 広島）

サルナシ 猿梨

学名：Actinidia arguta（アクティニディア アルグタ） 　別名：コクワ　中国名：軟棗獼猴桃　●マタタビ科マタタビ属　●落葉つる植物（3～15ｍ）●北海道～九州　解説 山地の林縁に生え、ほかの木に登る。秋はキウイフルーツを小さくしたような、長さ2～3㎝の黄緑色の果実がなり、甘くて食べられる。葉も鮮やかに黄葉してよく目立つ。

紅葉 ヤブを覆う（10/9 長野）

×0.4

実 ×0.6

ツルウメモドキ 蔓梅擬

学名：Celastrus orbiculatus（ケラストルス オルビクラツス） 　中国名：南蛇藤　●ニシキギ科ツルウメモドキ属　●落葉つる植物（3～15ｍ）●北海道～九州　解説 低地～山地の林縁などによく生え、高木にも登る。秋はウメに似た丸みのある葉が比較的鮮やかに黄葉し、雌株は黄と赤の果実が熟して美しい。果実は花材にも使われ、時に庭木にされる

×0.6

×1

種子

実 果実は黄色で、熟して3裂すると朱赤色の種子を出す

紅葉 実 果実をつけ、黄葉し始めたツルウメモドキ。雌雄異株（11/5 富山・神通峡）

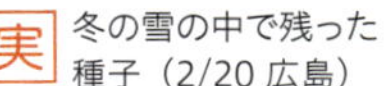

実 冬の雪の中で残った種子（2/20 広島）

樹皮 太いつるの樹皮は縦に裂ける

ドウダンツツジ 満天星躑躅、灯台躑躅

学名：Enkianthus perulatus

中国名：臺灣吊鐘花

●ツツジ科ドウダンツツジ属

●落葉低木（0.5～3ｍ）

●関東南部～九州（各地で植栽）

実
上向きにつき、秋に熟して裂ける
冬芽
ピンク色の芽鱗に包まれる
×1

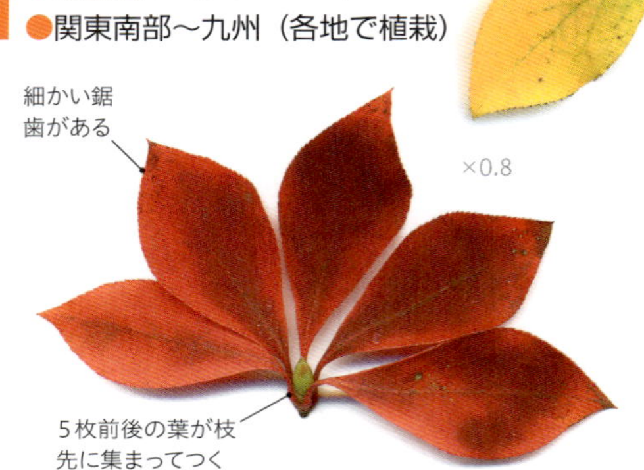

日陰の葉は黄色くなる
細かい鋸歯がある
×0.8
5枚前後の葉が枝先に集まってつく

解説 低地で鮮やかに紅葉する木の代表種で、日なたの葉は澄んだ赤色に紅葉して非常に美しく、日陰はオレンジ～黄色になる。春の花もかわいらしく、生垣や植え込み、庭木に多用される。枝ぶりが特徴的で、１カ所から数本の枝が直線的に斜上する分岐を繰り返す。これが昔の灯りを載せる灯台に似ることが名の由来。野生の個体はごく珍しく、低山の岩場に局地的に生える。

紅葉 まっ赤に紅葉したドウダンツツジ。四角や丸に刈り込まれることが多い（10/24 山梨・北杜）

実 裂開前の果実をつけ、紅葉し始めた自生個体（10/18 高知）

花 下向きの白い壺型の花が若葉と同時に開く（5/12 岡山）

類似種

サラサドウダン 更紗満天星

学名：E. campanulatus　別名：フウリンツツジ（風鈴躑躅）●落葉低木（2～5ｍ）●北海道～九州 解説 ドウダンツツジより葉が大きく、山地～高山に生える。紅葉は赤～オレンジ～黄色で美しく、寒地では庭や公園に植えられる。果序は下向きにつく。

×0.8
×1
実

花 赤いすじを更紗の模様に見立てた（6/1 埼玉）

ウスノキ 臼木

学名：Vaccinium hirtum（ヴァッキニウム ヒルツム） 　別名：カクミノスノキ（角実酸木）●ツツジ科スノキ属 ●落葉低木（0.5～1.5m）●北海道～九州 解説 山地～低地の林縁などに生え、果実は甘く、うすの形に似る。秋はやや濃い赤色に紅葉することが多い。同属にスノキやアクシバなどの類似種があり、葉柄が短いこと、液果が食べられることが共通の特徴。

紅葉 標高2000m級の高山にも分布し、紅葉は低地より鮮やかで目立つ（10/9 長野・塩見岳）

葉の広狭は変異がある。かんでもほとんどすっぱくない

×0.8

実 7～9月に赤熟し、五角があって先は凹む（9/13 石川）

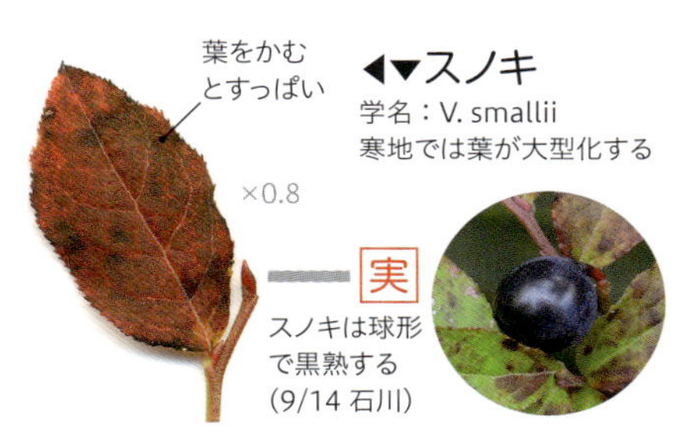

葉をかむとすっぱい

×0.8

◀▼スノキ
学名：V. smallii
寒地では葉が大型化する

実 スノキは球形で黒熟する（9/14 石川）

ナツハゼ 夏櫨

学名：Vaccinium oldhamii（ヴァッキニウム オルダミー） 　別名：ゴンスケハゼ（五助櫨）　中国名：腺齒越橘 ●ツツジ科スノキ属 ●落葉低木（1～3m）●北海道～九州 解説 夏の頃からハゼノキのように葉が赤く色づくことが名の由来で、秋も赤～オレンジ色に紅葉して美しい。果実は秋に黒く熟し甘ずっぱい。低地～山地の花崗岩地や尾根に生え、時に庭木にされる。

ふちや表に硬い毛がある

×0.6

×1

実 紅葉 葉は3～8cm（10/27 滋賀）

ブルーベリー blue berry

学名：Vaccinium spp.　中国名：南方越橘 ●ツツジ科スノキ属 ●落葉低木（1～3m）●北米原産（各地で植栽） 解説 北米原産の複数種の交配で作られた果樹の総称で、ハイブッシュやラビットアイなどの品種群が庭や畑に植えられる。果実は6～8月に熟す。秋はまっ赤に紅葉して思いのほか美しく、冬も葉が多少残るものもある。

紅葉 葉は厚みと光沢がある（12/12 広島）

鋸歯は微小かほとんどない

×0.7

コブシ 辛夷

学名：Magnolia kobus
●モクレン科モクレン属
●落葉高木（7～15ｍ）
●北海道～九州

実　袋果が複数集まった集合果で、裂開前はいびつな形

×0.7

×0.5

葉脈のしわが目立つ

冬芽　×1.2

花芽

葉の位置に枝を1周する線（托葉痕）がある

葉芽

花　春に6弁の白い花が咲く（4/5 東京）

（解説）名の由来になっている握りこぶしのような果実が、異様な形でおもしろい。夏に赤く色づきはじめ、10月頃に裂けて種子をぶら下げる。これはよく似たハクモクレンやモクレン、タムシバ、シデコブシも同様。葉は先広の形で、秋はやや淡く黄葉し、日なたほど色濃くてまずまず鮮やか。自生は東日本に多く、低地～山地の湿った所に生え、街路や庭、公園にもよく植えられる。

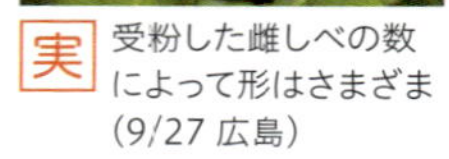

実　受粉した雌しべの数によって形はさまざま（9/27 広島）

実　完熟して裂けると朱赤色の種子が糸でぶら下がる（10/3 山口）

紅葉　ハクモクレンの黄葉。遠目にはコブシとよく似ている（12/6 東京・林試の森公園）

類似種

ハクモクレン 白木蘭

学名：M. denudata　中国名：玉蘭　●中国原産　（解説）庭や公園に植えられ、葉はコブシより大きく広く、黄葉は同様に鮮やか。

葉は長さ
10 ～ 18㎝
突き出る
×0.5

花　コブシより大型で花びらは9枚（4/5 東京）

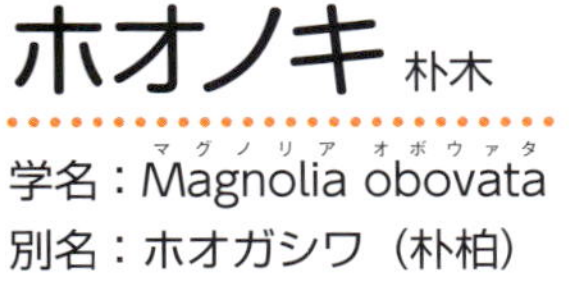

ホオノキ 朴木

学名：Magnolia obovata（マグノリア オボウァタ）
別名：ホオガシワ（朴柏）
中国名：日本厚朴
●モクレン科モクレン属
●落葉高木（10〜35m）
●北海道〜九州

鋸歯はない

葉は長さ25〜40cm。これは小型の葉

×0.5

実 長さ10〜15cmほどで、熟しても裂けない（9/15 東京）

解説 葉は日本産樹木最大級だが、紅葉はくすんだ黄色から褐色にまちまちに染まり、華やかさはない。落ち葉は裏の白さが目立ち、朴葉味噌や朴葉焼きなど食べ物を盛る葉として使われ、現在でも長野県や岐阜県などで落ち葉が販売されている。果実も大型で、秋に赤く熟して樹下に落ちる。主に山地の林に生え、時に植栽もされる。

冬芽 日本最大級でキャップ状の芽鱗に包まれる

×1

枝を1周する托葉痕の線があるのはモクレン科共通の特徴

花 葉は枝先に集まり、初夏に日本最大級の白花が咲く（6/11 広島）

樹皮 白っぽく平滑で、皮目が散らばる

紅葉 黄色、褐色、緑色の葉が入り交じる姿がよく見られる（10/31 広島・三段峡）

ブナ 橅、山毛欅

学名：Fagus crenata（ファグス クレナタ）
別名：シロブナ（白橅）
中国名：水青岡、山毛欅
●ブナ科ブナ属
●落葉高木（10～35ｍ）
●北海道～九州

ふちは波形。裏はほぼ無毛

×0.8

落ち葉。長さ5～13㎝で日本海側ほど大きい

裂けた殻斗

実 突起のある殻斗が4裂し、2個の果実が出てくる

×1

果実はどんぐり状で3稜があり、中身は食べられる

解説 冷涼な山地の自然林を構成する代表種で、ミズナラと混生することが多い。葉は波形のふちが特徴で、秋ははじめ黄色く色づき、次第に褐色化していく褐葉（かつよう）のパターン。どんぐり状の果実も10月頃に熟すが、約6年周期で豊作が訪れるので、年によってはほとんど見られない。この果実をクマが木に登って食べるため、幹に爪痕があったり、樹上に熊棚（くまだな）が見られることもある。

紅葉 ブナの原生林。緑→黄→褐色と褐葉するさまざまな過程が見られる（10/19 愛媛・石鎚山）

若い実 殻斗に全体包まれる（5/25 静岡）

熊棚 クマが樹上で枝を折り果実を食べた跡（4/16 兵庫）

樹皮 灰色で平滑だが、白や黒っぽい地衣類がつき、特有のまだら模様になる。円内はクマの爪痕

●芽吹きから開花まで

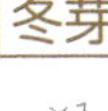

冬芽

×1

非常に細長くてとがる

芽吹 芽鱗が開いて葉が伸びてくる（4/7 鳥取）

若葉 若葉は毛が多い。赤く細いのは托葉（4/28 広島）

花 若葉と同時に開花し、垂れた雄花が目立つ（5/6 神奈川）

●ブナ林の季節変化

初夏 ブナ林内は落葉樹の樹種が豊富で、黄緑色の若葉が爽やか（5/12 鳥取・大山）

初秋 夏が過ぎ、葉緑素が分解され始める。白い幹が目立つ（9/13 石川・白山）

秋 紅葉し始めの黄色い個体（円内）と、褐色化し始めた個体が混在して見える（10/15 秋田・仙北）

晩秋 落葉した後は白い枝や幹が目立つ。やがて厚い雪に閉ざされる（11/3 新潟・銀山平）

類似種

イヌブナ 犬橅

学名：F. japonica　別名：クロブナ（黒橅）

●落葉高木（7～20m）●本州～九州 解説

ブナに似るが、やや低標高に分布し、樹皮は暗い色で地衣類はあまりつかず、葉裏に白い長毛が多い。秋は黄～褐色に褐葉する。

実 ブナに似るが殻斗が小さい（10/14 東京）

×0.7

ふちは波形かほぼ全縁

クロモジ 黒文字

学名：Lindera umbellata ●クスノキ科クロモジ属 ●落葉低木（1～5ｍ） ●北海道～九州 解説 緑色の枝にお経が書かれたような黒い模様が入ることが名の由来。枝葉をちぎると爽やかな芳香があり、楊枝やお茶に利用される。秋の黄葉は澄んだ色で美しく、雌株は果実もつく。日本海側の個体は葉が大きく、変種オオバクロモジと呼ばれる。

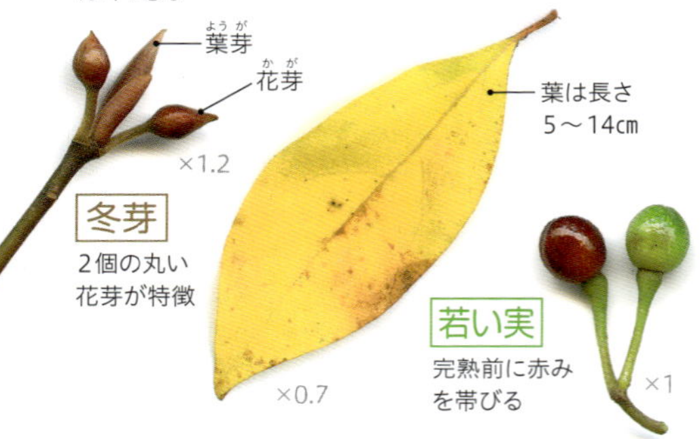
葉芽
花芽
×1.2
冬芽
2個の丸い花芽が特徴
葉は長さ5～14㎝
×0.7
若い実
完熟前に赤みを帯びる
×1

紅葉 山地～低地の林内に生え、葉は枝先に集まってつく（12/5 名古屋）

実 黒熟する。枝に黒い斑紋がある（9/16 広島）

花 若葉と同時に黄緑色の花が咲く（4/15 山口）

アブラチャン 油瀝青

学名：Lindera praecox 中国名：大果山胡椒 ●クスノキ科クロモジ属 ●落葉低木（2～5ｍ） ●本州～九州 解説 山地の谷沿いに群生し、細い幹を多数出す株立ち樹形になる。クロモジに似るが、枝は褐色で葉は枝先に集まらない。秋は比較的鮮やかに黄葉する。果実は径約1.5㎝で秋に淡い黄緑色に熟し、乾燥すると割れて種子を出す。

×0.7

実（9/30 長崎）

紅葉 葉柄はやや赤い（11/15 山口）

ヤマコウバシ 山香

学名：Lindera glauca 中国名：白葉釣樟、山胡椒 ●クスノキ科クロモジ属 ●落葉低木（2～7ｍ） ●関東～九州 解説 名は葉をもむと香りがあるためで、これはクロモジ属共通。秋は鮮やかなオレンジ～黄色に紅葉し、冬も枯れ葉が枝に残ることが多い。果実は径７㎜前後で秋に黒熟する。山地～低地の林に点在する。

葉柄が短い
×0.7

紅葉（12/3 東京）

実（12/5 山口）

アオモジ 青文字

学名：Litsea cubeba　中国名：山雞椒、山胡椒　●クスノキ科ハマビワ属　●落葉小高木（3～7m）●東海～九州　解説 クロモジの葉を細長くした印象で、秋の黄葉も美しい。雌株は赤～黒紫色の果実が秋に熟す。春の白花も見栄えがよく、切り花や庭木にもされる。本来は九州周辺に自生するが、他地域でも林縁などに時に野生化している。

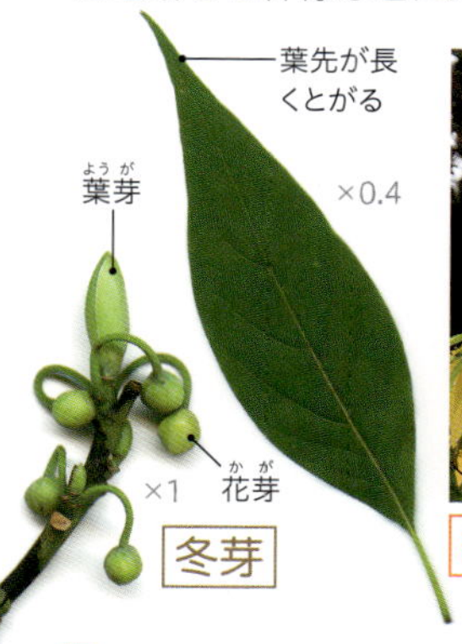
葉先が長くとがる
ようが 葉芽
×0.4
葉芽
×1
花芽
冬芽

紅葉 澄んだ黄色に染まる（12/5 名古屋）

アキグミ 秋茱萸

学名：Elaeagnus umbellata（エラエアグヌス ウンベラタ） 　中国名：牛奶子、小葉胡頽子　●グミ科グミ属　●落葉低木（1～5m）●北海道～九州　解説 ナツグミが夏に実がなるのに対し、秋に実がなるのでこの名がある。果実は食べられるが、えぐみも強い。枝葉は銀白色の鱗状毛が多く、秋は多少黄葉するが目立たない。低地～山地の陽地に生え、緑化用に植栽される。

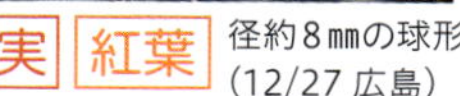
実 紅葉 径約8mmの球形（12/27 広島）

×0.5
ウラ
葉裏や枝に銀白色に見える

メギ 目木

学名：Berberis thunbergii（ベルベリス ツンベルギー） 　別名：コトリトマラズ（小鳥不止）中国名：日本小檗　●メギ科メギ属　●落葉低木（0.5～2m）●東北南部～九州　解説 山野に生え、時に庭木にされる。枝を煎じて目の洗浄に使うことからこの名があり、別名は枝にトゲが多いため。秋はヘラ形の葉が赤～黄色に紅葉し、赤い果実もつくが食べられない。

×0.8
葉の基部に1～3本のトゲがつく
実
長さ1cm前後
紅葉 葉は束生する（12/3 兵庫）

マルバノキ 丸葉木

学名：Disanthus cercidifolius（ディサンツス ケルキディフォリウス） 　別名：ベニマンサク（紅満作）●マンサク科マルバノキ属　●落葉低木（2～4m）●中部地方～中国地方・高知　解説 山地にまれに生え、時に庭や公園に植えられる。丸というよりハート形の葉がかわいらしく、秋は鮮やかな赤色に紅葉すると同時に、赤い花を咲かせ、前年の果実も熟すなど見所満載。

花 径約1.5cmで赤く細い5弁がある（11/6 広島）

実
2裂する
(10/20広島)
×0.4

ナンキンハゼ 南京櫨

学名：Triadica sebifera（トリアディカ セビフェラ）

中国名：烏桕、烏臼

- トウダイグサ科ナンキンハゼ属
- 落葉高木（7～15ｍ）
- 中国原産（主に西日本で植栽）

葉は菱形～丸みのある三角形状で、長さ4～10㎝

×0.5

赤い色素ができ始めた部分が紫色になる

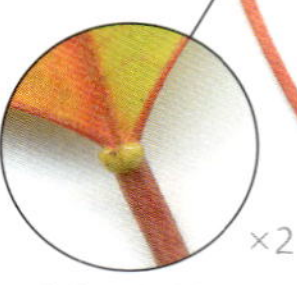
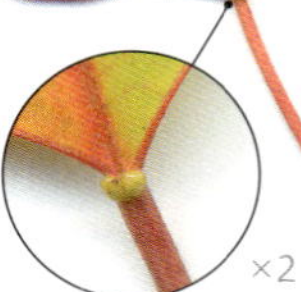

×2

葉身の基部に1対の蜜腺がある

冬芽 小さな三角形状で、枝先は枯れる

×1

解説 暖地でも美しく紅葉する木で、街路や公園に植えられる。葉は独特な菱形状で、秋はしばしば紫、赤、オレンジ、黄色の葉が入り交じり華やか。果実は秋に褐色に熟して裂けると、白いロウ質に包まれた種子を出す。この種子からハゼノキ同様にろうそく用のロウを採取でき、中国から渡来したことが名の由来。鳥がこの種子をよく食べ、時に河原や林縁に野生化している。

×1

種子 3個の種子がつく

実 果実は褐色に熟して3裂し、白い種子を出す（11/23 神奈川）

種子 冬も白い種子が残り花のように見える（12/18 広島）

花 初夏に毛虫のような穂状の黄花をつける（7/10 広島）

紅葉 紅葉の始めは美しいグラデーション状になる。樹皮は縦に裂ける（11/23 神奈川・鶴巻温泉）

シラキ 白木

学名：Neoshirakia japonica（ネオシラキア ヤポニカ）　中国名：白木烏桕　●トウダイグサ科シラキ属　●落葉小高木（3～10m）●本州～沖縄　解説 紅葉が美しく、秋は個体によって赤一色や赤～黄色、黄一色などに染まり、山地の林縁などで目につく。まれに庭木にもされる。葉はカキノキに似た形で、ふちはしばしば細かく波打つ。枝葉を折ると白液が出る。

紅葉　陽地では澄んだ赤色に紅葉して美しく、知る人ぞ知る紅葉の名木（10/29 神奈川・丹沢）

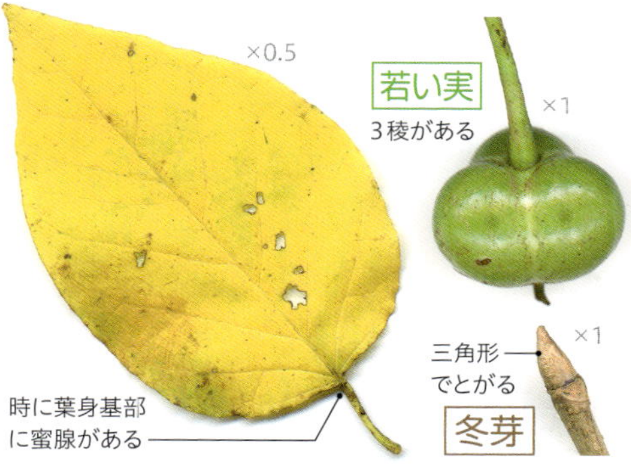
×0.5
若い実
3稜がある
×1
三角形でとがる
×1
冬芽
時に葉身基部に蜜腺がある

実　紅葉（10/31 宮城）

樹皮　樹皮は灰白色で縦すじが入る

イヌビワ 犬枇杷

学名：Ficus erecta（フィクス エレクタ）　別名：イタビ（崖石榴）　中国名：假枇杷、矮小天仙果　●クワ科イチジク属　●落葉小高木（2～7m）●関東～沖縄　解説 常緑樹林に多く、暖地の黄葉の代表種。秋は大きな葉が黄葉して目立つ。径2㎝前後のイチジク状の果実は、8～9月に黒く熟し食べられる。花は果実状の花嚢（かのう）の中に咲くので、外からは見えない。

×0.4

実（8/23 広島）　紅葉（12/13 山口）

コクサギ 小臭木

学名：Orixa japonica（オリクサ ヤポニカ）　中国名：臭常山　●ミカン科コクサギ属　●落葉低木（1～4m）●本州～九州　解説 山地の谷沿いなどに群生する。名は葉をもむとミカン臭があり、クサギより小さいため。秋はふつう淡い黄色、陽地ではオレンジ色に紅葉する。雌株は秋に3～4個に分かれた果実をつけ、褐色に熟すと裂けて黒い種子をはじき飛ばす。

×0.5

紅葉（12/10 神奈川）　実（10/25 滋賀）

カキノキ 柿木

学名：Diospyros kaki
中国名：柿
●カキノキ科カキノキ属
●落葉高木（4～15m）
●中国原産（本州以南で植栽・野生化）

×0.5

角斑落葉病や円星落葉病の斑点模様がよく入る

表は光沢があり、裏の脈上は有毛

×1

冬芽

葉痕に横線（維管束痕）が1本ある

解説 秋の果物として畑や庭で栽培される。多くの栽培品種があり、生食する甘柿、干し柿や柿渋用の渋柿に大別され、形はふつう扁平だが、筆柿のように細長いものもある。紅葉は鮮やかなオレンジ～赤橙色で、しばしば黒や緑の目玉模様が入ってユニークだが、これは病気によるもの。人里周辺の林に野生化したものも多く、ヤマガキと呼ばれ、果実は径3～5㎝前後で小さい。

実 9～12月に橙色に熟す（9/14 神奈川）

花 初夏に淡黄色の花が咲く（5/26 高知）

紅葉 紅葉し始めた個体。日なたほど赤みが強くなる（10/24 広島・芸北）

樹皮 細かい網目状に裂ける

類似種

マメガキ 豆柿

学名：D. lotus 中国名：君遷子 ●中国原産 解説 果実は径1～2㎝で、時に庭木や柿渋を採るため植栽される。信濃柿ともいう。

×0.3

葉はカキノキよりやや細身

×1

実 黄橙色に熟すが渋みが強い。霜にあたり黒褐色になると食べられる

サルトリイバラ 猿捕茨

学名：Smilax china　中国名：菝葜　●サルトリイバラ科サルトリイバラ属　●落葉つる植物（1.5～7ｍ）●北海道～沖縄　解説 低地の林に生え、茎のトゲや巻きひげで木に絡む。葉は円形に近く、西日本では柏餅の葉に使う。秋は黄～褐色に紅葉し、赤い果実が丸く集まってつく。この仲間は山帰来とも呼ばれ、果実は生け花にも使われる。

×0.5
3～5本の葉脈が走る
×1
実 紅葉 雌株は果実をつける（12/1 山口）

ミツバツツジ 三葉躑躅

学名：Rhododendron dilatatum　●ツツジ科ツツジ属　●落葉低木（1～3ｍ）●関東～九州　解説 山野に生え、庭木にもされる。葉が枝先に３枚ずつつき、秋は赤～オレンジ色に紅葉し、果実も熟す。山地に生えるトウゴクツツジ、西日本に多いコバノミツバツツジ、日本海側に分布するユキグニミツバツツジなど類似種が多い。

紅葉 ややくすんだ赤色（10/21 神奈川）

×1
×0.5
実 褐色に熟して裂ける

ネジキ 捩木

学名：Lyonia ovalifolia　中国名：珍珠花　●ツツジ科ネジキ属　●落葉小高木（2～7ｍ）●東北南部～九州　解説 低地～山地の尾根に生え、初夏の白花がかわいらしく、まれに庭木にされる。秋はややくすんだオレンジ～赤色に紅葉し、そこそこ目立つ。冬芽と枝はまっ赤に染まり、「赤んぼう」「酒婿の木」などの地方名もある。

花 壺形の花をぶら下げたネジキ（5/28 福岡）

樹皮 縦に裂けて名の通りややねじれる

葉は卵形で長さ5～11㎝

×0.6

冬芽 2枚の芽鱗に包まれ光沢がある

×1.5

果実は径4～5㎜。秋に熟して裂ける

実 紅葉 葉のふちは波打つことが多い。果実や赤い冬芽も見える（11/20 山口・防府）

ツツジ類 躑躅

学名：Rhododendron spp.（ロドデンドロン）
中国名：杜鵑
●ツツジ科ツツジ属
●落葉～半常緑低木（1～2m）
●北海道～九州

両面に金色の伏毛がある
越冬する葉
裂けて小さな種子をこぼす
×1
実
×0.7
葉は細長く、しわが目立つ
ツツジ類は枝先に葉が集まる

▲ヤマツツジ
学名：R. kaempferi

▲レンゲツツジ
学名：R. molle

㊟解説 ツツジ類は秋に比較的鮮やかな赤～オレンジ～黄色に紅葉するものが多く、褐色の蒴果（さくか）が熟し、狂い咲きする花もしばしば見られる。山野に広く生えるヤマツツジ、中部地方～近畿周辺に分布するモチツツジ、本州～九州の寒地に分布するレンゲツツジなどが代表的。都市部では半常緑樹のヒラドツツジやクルメツツジ、サツキなどの園芸種が多く植えられ、古い葉は紅葉する。

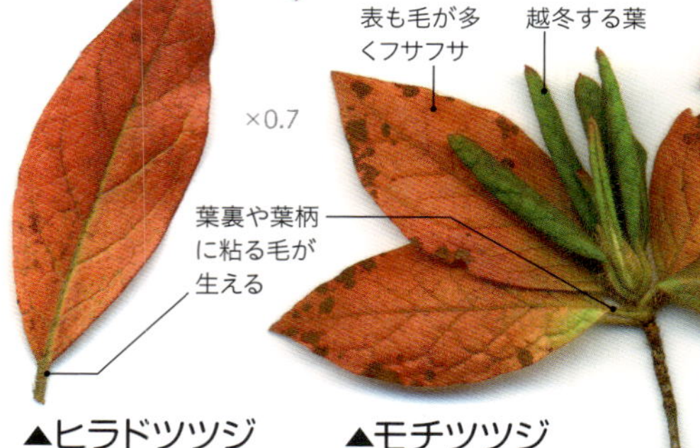

×0.7
表も毛が多くフサフサ
越冬する葉
葉裏や葉柄に粘る毛が生える

▲ヒラドツツジ
学名：R. × pulchrum
複数種から作られた栽培品種群で花は紅紫や桃、白

▲モチツツジ
学名：R. macrosepalum
花は淡いピンク色で庭や公園にも植えられる

紅葉 レンゲツツジは高原や牧場に多く、寒地の庭や公園にも植えられる（10/16 長野・乗鞍岳）

紅葉 ヒラドツツジ。枝先の葉は越冬する（12/2 川崎）

実 レンゲツツジ。糸状の雌しべが残っている（10/5 広島）

花 レンゲツツジの花は大型で朱色（6/15 広島）

花 ヤマツツジの狂い咲き。朱色（12/16 東京）

花 狂い咲きしたモチツツジ（11/25 京都）

花 モチツツジの越冬葉（3/2 東京）

ミズキ 水木

学名：Cornus controversa（コルヌス コントロウェルサ）
中国名：燈臺樹
●ミズキ科ミズキ属
●落葉高木（5～25m）
●北海道～九州

冬芽 ×1.5
冬芽は赤く光沢があり無毛。枝葉は互生する

×0.7
カーブして長く伸びる側脈が特徴
葉は広い楕円形で長さ8～15㎝
長い葉柄がある

解説 春先に枝を切ると水のように樹液が垂れることが名の由来で、特徴的な樹形と、初夏に咲く白い小花が目立つことで知られる。夏から熟し始める果実は、白、赤紫、黒などと変色し、熟す速度にばらつきがあるため色が混在し、秋には果柄（かへい）も赤くなり目立つ。これらは鳥を呼ぶための二色効果（にしょくこうか）と呼ばれる。紅葉はさほど目立たないが、オレンジ～ピンクを帯びた色に染まる。

実 ×0.7
径7㎜前後で完熟すると黒紫色

実 若い果実は白～赤紫色（8/23神奈川）

樹皮 灰白色で縦に浅く裂ける

紅葉 枝を階層状に広げる樹形がミズキの特徴（10/19 広島・吉和）

類似種

クマノミズキ 熊野水木

学名：C. macrophylla（マクロフィラ）
中国名：梾木 ●本州～九州
解説 ミズキより暖地に多く、葉や枝が対生する。

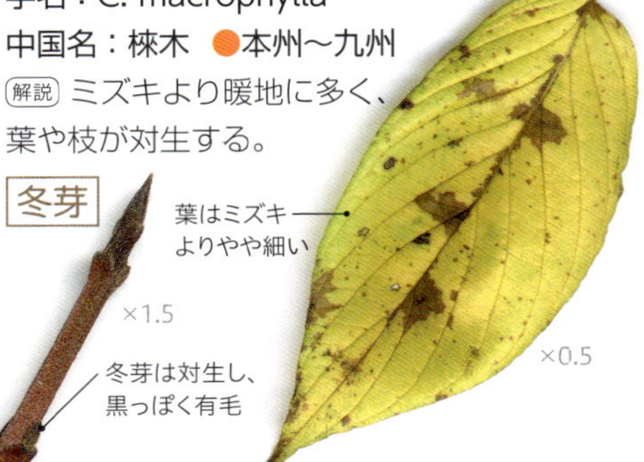
冬芽
葉はミズキよりやや細い
×1.5
冬芽は対生し、黒っぽく有毛
×0.5

ハナミズキ 花水木

学名：Cornus florida（コルヌス フロリダ）
別名：アメリカヤマボウシ（亜米利加山法師）
中国名：大花四照花
●ミズキ科ミズキ属
●落葉小高木（3～10m）
●北米原産（各地で植栽）

×1

実 長さ約1㎝で9～10月に熟す。苦くて食べられない

側脈はカーブして長く伸びる

裏は白っぽい

×0.7

×1.2

冬芽 花芽はタマネギ形

解説 庭木や街路樹に人気の高い木で、秋はほかの木に先駆けて色づきはじめ、紫色をへて濃い赤色に紅葉し、赤色の果実も熟して目立つ。ただし、夏の暑さや乾燥に弱く、葉が傷んで美しく紅葉しないこともある。よく似たヤマボウシとは、春に咲く花の花びら（総苞（そうほう））の先がくぼむこと、果実や樹皮の形状が異なることがよい区別点。花色は白とピンクがある。

紅葉 ハナミズキの樹形はコンパクトにまとまる。寒地の方が紅葉が鮮やか（10/18 岐阜・瑞浪）

Kaseki
Kaseki
Kaseki

実 果実と花芽がついている（10/21 神奈川）

樹皮 カキノキに似て網目状に裂ける

類似種

サンシュユ 山茱萸

学名：C. officinalis（オッフィキナリス） 中国名：山茱萸 ●落葉小高木（3～7m）●中国原産 解説 庭や公園に植えられ、早春の黄花と秋の果実が鮮やか。紅葉は赤～黄色で時に鮮やか。

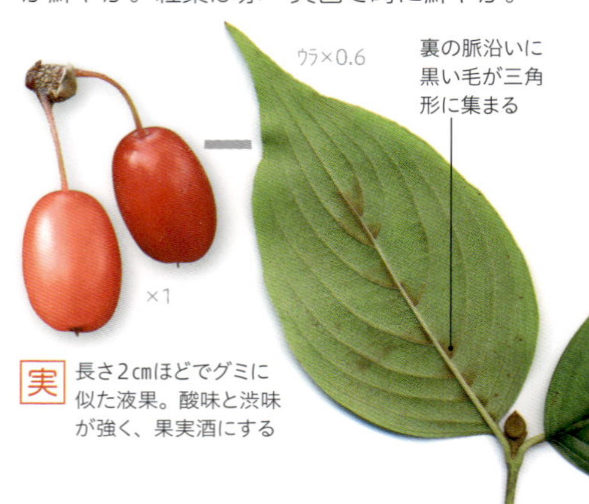

ウラ×0.6

裏の脈沿いに黒い毛が三角形に集まる

×1

実 長さ2㎝ほどでグミに似た液果。酸味と渋味が強く、果実酒にする

ヤマボウシ 山法師

学名：Cornus kousa（コルヌス コウサ）

- 中国名：四照花
- ミズキ科ミズキ属
- 落葉小高木（3～10m）
- 本州～沖縄

×0.7
裏はハナミズキほど白くない
ふちは細かく波打つことが多い
ウラ

落葉広葉樹

葉形 不分裂葉
つき方 対生
ふち 全縁

実 径2㎝前後の集合果で、長い柄がある。ジャリジャリするが、甘みがあり、食べられる

×1

×1.2

冬芽 花芽は水滴形で褐色の毛が生える

解説 ハナミズキに似た日本産の木。初夏に白い花びら状の総包（そうほう）の上に、小さな花が丸く集まって咲き、その様子を法師（ほうし）（お坊さん）に見立てたことが名の由来。初秋に赤い果実がなり、その後に葉が赤～オレンジ色に美しく紅葉する。果実はジャムや果実酒にも利用される。山地のブナ林などに生え、庭や公園にも植えられる。よく似た中国産の類似種も植栽される。

花 4枚の花びらに見えるのは葉が変化した総包で、先はとがる。よく似たハナミズキはくぼむ（5/1 山口）

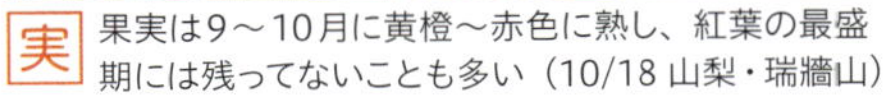

実 果実は9～10月に黄橙～赤色に熟し、紅葉の最盛期には残ってないことも多い（10/18 山梨・瑞牆山）

樹皮 ウロコ状にはがれて地味なまだら模様になる

紅葉 街路樹のヤマボウシ。日当たりがよいので美しく紅葉している（10/5 広島・吉和）

ロウバイ 蠟梅、蝋梅

学名：Chimonanthus praecox（キモナンッス　プラエコクス） 　中国名：蠟梅 ●ロウバイ科ロウバイ属 ●落葉低木（2～5m）●中国原産（各地で植栽）解説

12～3月に咲く蝋細工のような花が名の由来で、庭や公園に植えられる。実は長さ3㎝前後の巾着袋のような形で、夏～秋に熟し、長く枝に残る。葉は大型で、秋になかなか鮮やかに黄葉して目立つ。

葉は長さ8～20㎝でざらつく
×0.6
×1
実
中に長さ1㎝強の瘦果が数個入る

紅葉 蕾 黄葉の頃から蕾が膨らみ、開花し始めることもある（12/16 東京・北の丸公園）

花 品種ソシンロウバイは全体黄色（1/1 山口）

花 狭義のロウバイは中心が赤紫色（2/5 東京）

サルスベリ 猿滑、百日紅

学名：Lagerstroemia indica（ラジェルストレーミア　インディカ） 　別名：ヒャクジツコウ（百日紅）中国名：紫薇 ●ミソハギ科サルスベリ属 ●落葉小高木（2～8m）●中国原産（本州以南で植栽）解説

7～10月にかけて紅紫やピンク、白の花が咲き、果実は秋～冬に褐色に熟す。葉は互生と対生が入り交じり、秋には鮮やかな赤～オレンジ色に紅葉して美しい。

花 若い実（9/15 山口）

紅葉 暖地でも鮮やか（1/18 沖縄）

×0.7
先が丸い葉、凹む葉がある
実
×1

実 6裂して種子を飛ばし終えた果実（4/5 沖縄）

樹皮 うすくはがれてサルも滑りそうなほど平滑になる

ザクロ 石榴、柘榴

学名：Punica granatum（プニカ グラナツム） 中国名：石榴 ●ミソハギ科ザクロ属 ●落葉小高木（2～6m）●西アジア原産（本州以南で植栽）
解説 9～11月に赤橙色の果実が熟し、中の赤い種子の周りが食べられる。昔から子孫繁栄の象徴、近年は美容や健康食品としても栽培される。葉は光沢が強く、秋に黄葉する。樹皮はねじれる。

葉は束生し、
枝にトゲがある
×0.7
実 径5～10㎝でやがて裂ける（10/3 神奈川）

イボタノキ 水蝋樹、疣取木

学名：Ligustrum obtusifolium（リグストルム オブツシフォリウム） 中国名：水蠟樹 ●モクセイ科イボタノキ属 ●落葉低木（1～4m）●北海道～九州 解説 低地～山地の林に生える。10～12月に黒紫色の果実がなり、葉は地味に黄葉する程度か、時に赤～オレンジ色に紅葉する。生垣などに近年植栽されるものは、中国産の近縁種コミノネズミモチ（プリベット）が多い。

紅葉 特に鮮やかな紅葉（10/22 広島）

葉先は
丸い
×0.8
×1
長さ1㎝弱の楕円形 実

ツクバネ 衝羽根

学名：Buckleya lanceolata（バックレヤ ランケオラタ） 中国名：米面蓊（※属名） ●ビャクダン科ツクバネ属 ●落葉低木（1～4m）●東北南部～九州
解説 山地の林にまれに生え、ほかの木の根に寄生する半寄生植物。秋に熟す果実は、羽根つきの羽根に似た4つの苞（ほう）があり、塩漬けや炒って食べられる。葉は菱形状で先が長く伸び、地味に淡く黄葉する。

苞
×1
若い実
果実
ウラ
×0.7

実 熟すと回転して落ちる（11/9 栃木）

ヒョウタンボク類 瓢箪木

学名:Lonicera spp.（ロニケラ） 中国名:忍冬（※属名） ●スイカズラ科スイカズラ属 ●落葉低木（1～4m）●北海道～九州 解説 ヒョウタンボク類は10数種が寒地の山野に時に生え、2個の果実が合体してヒョウタン形になることが特徴。夏～秋に赤く熟すが、基本的に有毒なので食べてはいけない。葉は通常、淡く黄葉する程度。

実 果期のイボタヒョウタンボク（9/27 山梨）

▼チシマヒョウタンボクの黄葉
×0.6

×1
実 ◀オオヒョウタンボクの果実

カツラ 桂

学名：Cercidiphyllum japonicum

中国名：連香樹

- カツラ科カツラ属
- 落葉高木（10～35m）
- 北海道～九州

実
×1

果実（袋果）が裂けると翼のある5㎜ほどの種子が出る

ふちは波形の鈍い鋸歯がある

×0.7

解説 山地の渓谷のサワグルミ林などに点在する木で、若木は針葉樹のような三角樹形で、雄大な大木にもなる。葉はハート～円形でかわいらしく、秋の黄葉も美しいので、庭木や街路樹、公園樹にもされる。最大の特徴は、落葉して乾いた葉がカラメルのような甘い香りを放つことで、「香出」が名の由来になっている。果実は小さなバナナのような形で、秋に熟して裂ける。

夏の葉。長さ4～8㎝

若い実 雌雄異株で、雌株は果実をつける（7/5 東京）

雄花 春に花弁のない花が咲く。雄しべは赤い（3/22 山口）

紅葉 黄葉や落葉は他種より早い。樹形と黄葉した丸い葉ですぐにカツラと分かる（10/22 広島・小瀬川）

樹皮 灰褐色で、縦に裂ける

●芽吹きから落葉まで

×1

冬芽
赤く光沢があり、2枚の芽鱗に包まれる

芽吹 赤みを帯びる（3/27 東京）

落葉 落ちて乾燥した直後の葉が甘い香りを放つ（11/16 東京）

若葉 葉柄はしばしば赤みを帯びる（5/9 山口）

紅葉 樹上の葉は香らない（10/16 広島）

●樹形の変化

幼木 紅葉した樹高1.5 mの幼木（9/29 神奈川）

若木 整った三角樹形になりやすい（7/5 東京）

成木 幹を複数出す株立ち樹形が多い（5/14 富士山）

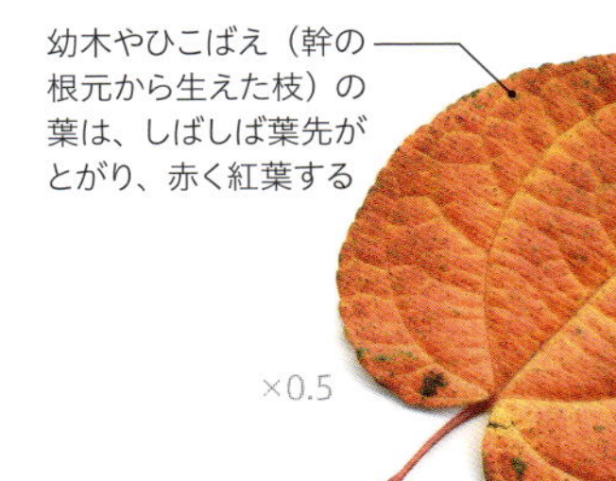

幼木やひこばえ（幹の根元から生えた枝）の葉は、しばしば葉先がとがり、赤く紅葉する

×0.5

老木
樹齢300年以上の巨木。老木は樹形は個体によって大きく異なる（5/26 山形・東根）

ニシキギ 錦木

学名：Euonymus alatus（エウオニムス アラツス）
中国名：衛矛、鬼箭羽
●ニシキギ科ニシキギ属
●落葉低木（1～4ｍ）
●北海道～九州

実　果実は1～2個に分かれ、赤く熟すと裂けて朱色の種子を出す

×1

種子

×0.8

日陰の葉

枝に翼がない個体は品種コマユミと呼ばれ、野生ではむしろコマユミの型が多い

解説　紅葉が名の由来になっている数少ない木で、紅葉が錦（絹の織物）のように美しい木の意味。日なたではまっ赤に、日陰ではピンク～淡いレモンイエローに染まり、どちらも美しい。果実も秋に赤～赤紫色に熟し、種子をぶら下げる。しばしば枝にコルク質の板状の翼（よく）が出ることが特徴で、特に翼が大きいものが生垣や庭木にされる。翼がない個体や葉の大きな個体もある。

実　林内に生えた個体の淡い紅葉と果実（10/30 広島）

翼　植栽個体の発達した翼。4または2方向につく（11/30 山口）

紅葉　公園の生垣にされたニシキギ。日当たりがよいので赤一色に紅葉している（12/1 山口・柳井）

類似種

ツリバナ 吊花

学名：E. oxyphyllus（オクシフィルス）　中国名：垂絲衛矛
●落葉低木（1～4ｍ）●北海道～九州

解説　葉はニシキギとマユミの中間的な形で、花は5弁で長い柄に垂れてつき、果実は5裂する。雑木林に生え、時に庭木にされる。

×0.8
冬芽は細長くとがる
5裂する
実
×1

マユミ 真弓、檀

学名：Euonymus sieboldianus（エウオニムス シーボルディアヌス）

●ニシキギ科ニシキギ属
●落葉小高木（3〜12m）
●北海道〜九州

葉形 不分裂葉
つき方 対生
ふち 鋸歯縁

×1
×0.8
×1
種子

実 4裂し、朱赤色の種子を出す

花 初夏に径約1㎝の4弁の花が咲く（5/13 山口）

しばしば葉脈に沿って緑色が残ることがある

葉は楕円形で長さ7〜13㎝

緑〜褐色で芽鱗に包まれる

冬芽

枝も緑色で4稜がある

解説 材がよくしなるので、この木で弓を作ったことが名の由来。葉は秋にやや淡いオレンジ〜ピンク色に紅葉し、条件がよいとかなり鮮やかに色づく。果実はピンク、淡いオレンジ色、紅色、白に近い色まで変異があり、10〜11月頃に熟して4つに裂ける。低地〜山地の林に点在し、ふつうは樹高4〜5mの個体が多い。果実が美しいので、時に庭や公園にも植えられる。

実 果実の色は通常はピンク色が多い（11/21 東京）

実 たわわに実った白実と赤実の栽培品（11/3 新潟）

樹皮 縦に裂け、白と黒のしま模様に見える

紅葉 オレンジ色に紅葉し、果実も同時に熟している（12/14 神奈川・秦野）

チドリノキ 千鳥木

学名：Acer carpinifolium（アケル カルピニフォリウム） 別名：ヤマシバカエデ（山柴楓）●ムクロジ科カエデ属 ●落葉小高木（5～10ｍ）●東北南部～九州 解説 カエデらしからぬ不分裂の葉をもつカエデ。山地の沢沿いで、よく似たサワシバと混生することが多いが、葉が対生するので区別できる。秋は鮮やかに黄葉するが、褐色化しやすい。名は、果実または花を千鳥（ちどり）の群れに見立てたため。

紅葉 カエデだけあって濃い黄色に染まるが、樹上で褐色になることが多い（10/31 広島・三段峡）

冬芽 ×1

×0.6

葉は長さ7～15㎝で重鋸歯がある

若い実 カエデ属特有の翼果（7/20 群馬）

花 花序は垂れ下がる。雌雄異株（4/22 山口）

ヒトツバカエデ 一葉楓

学名：Acer distylum（アケル ディスティルム） 別名：マルバカエデ（丸葉楓）●ムクロジ科カエデ属 ●落葉小高木（5～10ｍ）●東北～近畿 解説 ハート形の大きな不分裂葉をもつカエデで、オオカメノキやオオバボダイジュと間違えやすい。山地の林にややまれに生え、秋は鮮やかに黄葉し、遠くからも目立ち美しい。果実は上向きについて秋に熟す。

若い実 果序は上向き（6/20 茨城）

紅葉 澄んだ黄色に染まる（11/1 山梨）

×0.6

基部は深く湾入する

葉先は短く突き出る

冬芽 ×1.5

2枚の芽鱗が見え、褐色の毛に覆われる

アジサイ類 紫陽花

学名：Hydrangea spp.　中国名：繡球 ●アジサイ科アジサイ属 ●落葉低木（1～2m）●北海道～九州 解説 ガクアジサイとヤマアジサイから多くの栽培品種が作られ、「アジサイ」と呼ばれ植栽される。小さな花の周囲に生殖能力のない大きな装飾花がつき、秋はそのまま褐色化し小さな実が熟す。紅葉は赤橙～黄色で、日なたでは鮮やか。

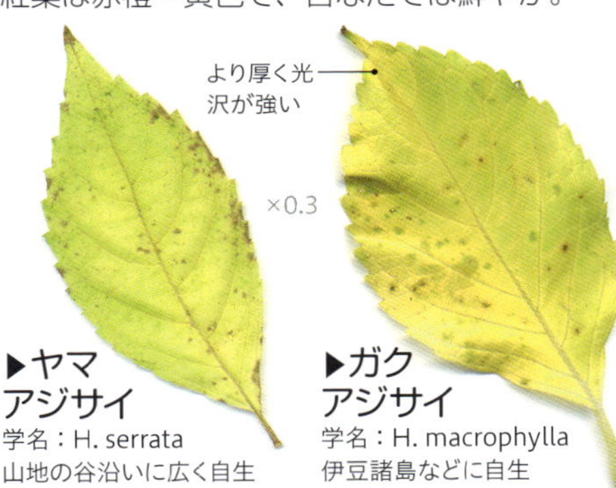
より厚く光沢が強い
×0.3

▶ヤマアジサイ
学名：H. serrata
山地の谷沿いに広く自生

▶ガクアジサイ
学名：H. macrophylla
伊豆諸島などに自生

紅葉 アジサイの紅葉（12/13 山口・光）

花 ガクアジサイの花と装飾花（6/21 東京）

果実
装飾花

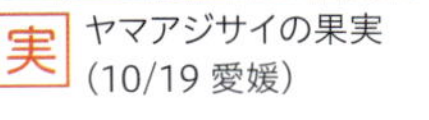

実 ヤマアジサイの果実（10/19 愛媛）

紅葉 ヤマアジサイの紅葉（11/6 新潟）

コアジサイ 小紫陽花

学名：Hydrangea hirta ●アジサイ科アジサイ属 ●落葉低木（0.5～1.5m）●関東～九州 解説 低地～山地の湿った林に生え、秋は鮮やかに黄葉してよく目につく。葉も背丈もアジサイより小ぶりで、葉は大きな山形のギザギザが特徴。初夏に淡い青～白色の花が咲くが、アジサイの仲間なのに装飾花がない。秋に小さな蒴果が褐色に熟す。

×0.4
×1
実
果実

紅葉 暗い林内でも目立つ（2/20 広島）

タマアジサイ 玉紫陽花

学名：Hydrangea involucrata ●アジサイ科アジサイ属 ●落葉低木（1～2m）●東北南部～近畿 解説 ピンポン玉のような蕾が名の由来で、花は7～9月が中心だが暖地では11月まで見られる。果実は秋～冬に褐色に熟し装飾花も残る。葉は特に大型で、秋は多少黄葉する程度。谷間などに群生する。

葉は長さ10～25cm
×0.2
装飾花
果実
×1
実

花 蕾から開き始めた花（9/4 神奈川）

ウツギ 空木

学名:Deutzia crenata（ドイツィア クレナタ） 別名:ウノハナ（卯花）中国名：齒葉溲疏 ●アジサイ科ウツギ属 ●落葉低木（1～3m）●北海道～九州

解説 枝が空洞になるため空木の名があるが、違う科にもウツギと名のつく樹木は多い。中でも本種は山野に最も多い普通種で、秋は黄色、時に朱赤色などに紅葉する。果実も秋に褐色に熟し、長く枝に残る。

紅葉 勢いよく伸びた枝（徒長枝）や幼木の葉は赤みを帯びやすい（12/12 山口・田布施）

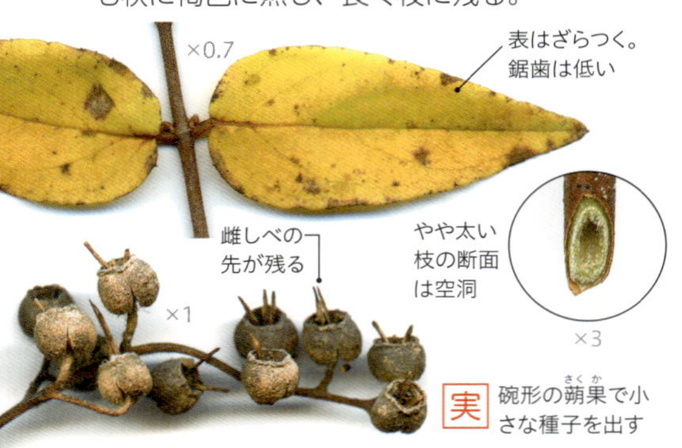

×0.7
表はざらつく。鋸歯は低い
雌しべの先が残る
×1
やや太い枝の断面は空洞
×3

実 碗形の蒴果（さくか）で小さな種子を出す

若い実 完熟前の果実（10/31 神奈川）

花 5～7月に5弁の白花が咲く（5/28 北九州）

マルバウツギ 丸葉空木

学名：Deutzia scabra（ドイツィア スカブラ） ●アジサイ科ウツギ属 ●落葉低木（1～2m）●関東～九州

解説 ウツギに似るが、名の通り葉が広く、葉脈がくぼんで目立つ。紅葉はウツギより鮮やかで、日なたほどオレンジ～朱赤色に染まり、低地～山地の林でよく目につく。花や果実はウツギによく似て、4～5月に白花が咲き、秋に褐色の果実が熟す。

表はざらつく
×0.6

紅葉 林内で紅葉した木（12/12 東京）

ヒメウツギ 姫空木

学名：Deutzia gracilis（ドイツィア グラキリス） 中国名：細梗溲疏 ●アジサイ科ウツギ属 ●落葉低木（1～2m）●関東～九州 解説 ウツギに似るが、花がやや小さく、葉はざらつかず、山地の岩場や渓谷沿いに生える。秋はくすんだオレンジ～赤色などに紅葉し、果実が褐色に熟す。葉が小さなタイプが庭木にされ、4～5月に花を多数つける。

実 ウツギより小さくまばら（10/16 福岡）

ざらつかない
×0.6

ノリウツギ 糊空木

学名：Hydrangea paniculata　別名：サビタ　中国名：圓錐繡球、水亞木　●アジサイ科アジサイ属　●落葉低木（1.5～6ｍ）●北海道～九州　解説 寒地の林縁に多く、夏にアジサイに似た装飾花のある白花が咲く。秋～冬も枯れた装飾花がよく残り、小さな実が褐色に熟す。葉は長さ7～15㎝で黄葉する。名は樹皮の粘液から糊を作ったため。

葉柄は赤みを帯び長め

実（2/20 広島）

紅葉（10/23 愛媛）

クロウメモドキ 黒梅擬

学名：Rhamnus japonica　中国名：鼠李（※属名）●クロウメモドキ科クロウメモドキ属　●落葉低木（2～6ｍ）●北海道～九州　解説 山地の林にまれに生える。葉はウメに似た形で、秋に黒い実がなることが名の由来。葉や枝は、対生またはややずれて互生することが特徴で、枝先はトゲになる。秋はやや淡く黄葉する。

実 紅葉（10/26 山梨）

葉は長さ2～12㎝まで変異がある

×0.6

トゲ

対生と互生が交じる

シロヤマブキ 白山吹

学名：Rhodotypos scandens　中国名：雞麻　●バラ科シロヤマブキ属　●落葉低木（1～2ｍ）●福井～広島・香川（各地で植栽）解説 春に咲く白花が美しく、庭木にされる。ヤマブキと異なり、花びらは4枚で、葉は対生する。秋はやや淡く黄葉し、ふつう4個の黒い果実が熟す。野生の個体はごく珍しく、山地の岩場などに生える。

×0.5
×1

実 瘦果

紅葉 実 果実は1～4個つき、しばしば翌夏まで残る（12/19 山口）

レンギョウ類 連翹

学名：Forsythia spp.　中国名：連翹、金鐘花　●モクセイ科レンギョウ属　●落葉低木（0.5～2ｍ）●中国・朝鮮原産（各地で植栽）解説 レンギョウ、シナレンギョウ、その雑種などがあり、春に咲く4弁の黄花が鮮やかで、生垣や庭木にされる。秋は赤紫～赤橙～黄色など色とりどりに紅葉し、雌株は果実が褐色に熟す。

紅葉 シナレンギョウ（11/23 神奈川）

葉の先半分に鋸歯がある
×0.6
×1

熟すと2裂する 実

ムラサキシキブ類 紫式部

学名：Callicarpa spp.（カリカルパ）
中国名：紫珠、白棠子樹
●シソ科ムラサキシキブ属
●落葉低木（1～4m）
●北海道～沖縄

×1
実
少し甘みがある

先半分に鋸歯がある
×0.7
ほぼ無毛

▲コムラサキ
学名：C. dichotoma
葉は長さ3～7㎝、樹高1～2m。野生の個体は珍しい

▶ムラサキシキブ
学名：C. japonica
葉はふつう長さ5～13㎝

×0.7
冬芽は白っぽく見える

両面にほこりのような毛が多く、触るとふわふわ
×0.7

▶ヤブムラサキ
学名：C. mollis
葉は長さ5～13㎝

(解説) 作り物のように鮮やかな紫色の実が9～10月に熟し、鳥に食べられなければ落葉後も枝に残る。この実を平安時代の女性作家・紫式部にかけた名といわれる。主に3種があり、よく庭木にされるのは小型で実つきがよいコムラサキで、身近な雑木林によく生えるのはムラサキシキブとヤブムラサキ。秋はいずれも黄葉し、中でもムラサキシキブが比較的鮮やかで目立つ。

紅葉 ムラサキシキブの黄葉。やや淡い黄色だが日が当たると美しい（12/19 神奈川・秦野）

実 ムラサキシキブの果実はややまばら。食べられる（10/31 宮城）

花 ムラサキシキブの花。ピンク～紅紫色（6/19 神奈川）

実 ヤブムラサキの果実は少数でがくは多毛（10/14 大阪）

実 コムラサキはよく密集してつく。円内は白実の品種シロミノコムラサキ（9/21 神奈川・厚木）

クサギ 臭木

学名：Clerodendrum trichotomum（クレロデンドルム トリコトムム）

中国名：海州常山

- シソ科クサギ属
- 落葉小高木（2～5m）
- 北海道～沖縄

もむと臭い
×0.5

葉は長さ10～20㎝で丸みのある三角形状。幼木はふちに鋸歯があるが、成木は全縁

解説 山野の林縁や道端など明るい場所によく生え、葉をもむと特有の匂いがある。この匂いが「臭い」ことが名の由来だが、「ピーナッツバターの匂い」などと好感を抱く人も少なくない。真夏に白花が多数咲いて目を引き、秋には赤い星に青い玉がのった奇抜な果実が熟してまた目を引く。このような色彩は、鳥を呼ぶための二色効果と呼ばれる。紅葉は地味で、やや黄色くなる程度。

がく

果実

×1

実 5裂した紅色のがくに藍～黒紫色の果実がのる

花 道路沿いの斜面に生えた個体。7～9月にかけて白い花が長期間咲く（8/6 山口・下松）

花 長い雄しべと雌しべが目立つ。アゲハチョウがよく蜜を吸いに来る（8/30 山口）

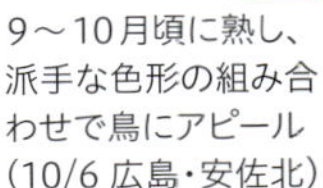

実 9～10月頃に熟し、派手な色形の組み合わせで鳥にアピール（10/6 広島・安佐北）

ガマズミ類 莢蒾

学名：Viburnum（ウィブルヌム） spp.
中国名：莢迷
●ガマズミ科ガマズミ属
●落葉低木（1～5ｍ）
●北海道～九州

鋸歯はやや鈍い

日なたはややくすんだ赤～オレンジ色、日陰は黄色に紅葉する

両面有毛でざらつく

×0.6

◀▲ガマズミ
学名：V. dilatatum
葉は長さ6～14㎝

毛が密生

果柄（かへい）は毛が少ない

実 霜に当たった12月のミヤマガマズミの実。ガマズミ類の実は酸味が強いが食べられ、生食より果実酒向き

×1

解説 ガマズミの仲間は、低地～山地の林によく生え、初夏に白い花を、秋は赤い実をつける。葉は、直線的な葉脈とやや角張った鋸歯が特徴で、赤系に紅葉することが多い。主に４種類があり、葉が丸くて大きいはガマズミとミヤマガマズミ、葉の両面や枝に毛が密生するのはガマズミとコバノガマズミ、葉が小さめで毛が少ないのがオトコヨウゾメである。

紅葉 実 紅葉し始めたガマズミ。果実は既に半数がなくなっている（10/23 愛媛・石鎚山）

実 ガマズミの果実。果柄や枝、葉柄に粗い毛が密生することが特徴（12/16 神奈川・秦野）

虫こぶ まれに見られる有毛の実は虫こぶで、タマバエの幼虫が寄生している（10/3 神奈川）

花 面状の花序をつける（6/2 神奈川）

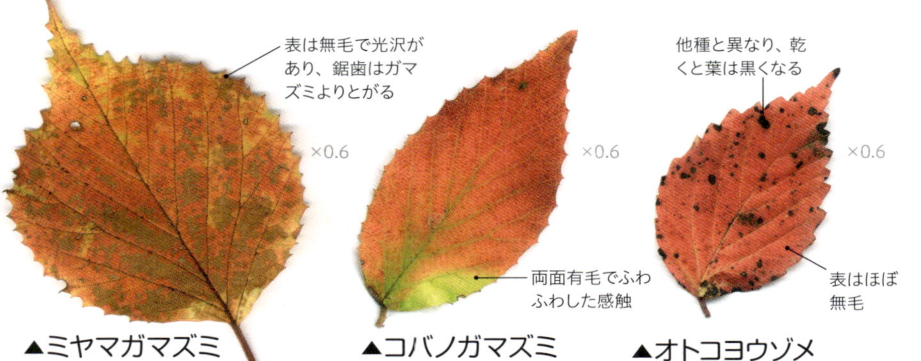
表は無毛で光沢があり、鋸歯はガマズミよりとがる
×0.6
両面有毛でふわふわした感触
×0.6
他種と異なり、乾くと葉は黒くなる
×0.6
表はほぼ無毛

▲ミヤマガマズミ
学名：V. wrightii
葉は長さ7～14㎝

▲コバノガマズミ
学名：V. erosum
葉は長さ4～12㎝

▲オトコヨウゾメ
学名：V. phlebotrichum
葉は長さ4～9㎝

実 ガマズミと異なり、柄は長毛がまばらに生える（9/18 広島）

実 柄は短毛が密生。ガマズミより果序が小さい（9/27 山梨）

花（5/14 山梨）
実 花や果実の数が少なく、柄は無毛（9/27 山梨）

紅葉 赤～オレンジ系で特に鮮やか（10/19 広島）

紅葉 くすんだ赤～オレンジ～黄色に紅葉（11/22 山口）

紅葉 赤～ピンク色の紅葉で美しい（10/10 広島）

●芽吹きから開花まで（ガマズミ）

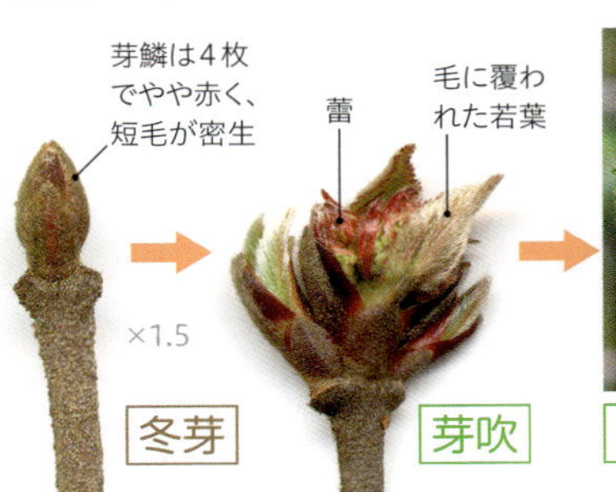
芽鱗は4枚でやや赤く、短毛が密生
蕾
毛に覆われた若葉
×1.5

冬芽 芽吹

若葉 若葉はしわが目立つ。これは葉だけの芽（3/30 川崎）

花 径約5㎜の白花が多数集まり、径10㎝前後の花序をつくる（5/21 神奈川）

オオカメノキ 大亀木

学名：Viburnum furcatum（ウィブルヌム フルカツム）
別名：ムシカリ（虫狩）
●ガマズミ科ガマズミ属
●落葉低木（2～6ｍ）
●北海道～九州

葉芽（ようが）
花芽（かが）

冬芽
毛で覆われ、バンザイしたような姿

葉は長さ8～20㎝
×0.6
湾入する

解説 亀の甲羅のように丸く大きな葉が特徴で、秋は日当たりがよい場所ほど、ややくすんだ赤～オレンジ色に紅葉しよく目立つ。紅葉前には果実が赤から黒色へと熟し、2色が混在して美しい。これは鳥へアピールするための二色効果で、実際に紅葉が見頃を迎える頃には果実はなくなっていることが多い。よく似たヤブデマリの果実も同様に二色が混在する。

×1

実
長さ1㎝弱で、はじめ赤色で完熟すると黒くなる

花 オオカメノキの花。アジサイに似た5裂の装飾花がある（6/4 群馬）

実 紅葉 稜線で果実をつけたオオカメノキ。紅葉は色づき始め（9/25 群馬・谷川岳）

類似種

ヤブデマリ 藪手鞠

学名：V. plicatum 中国名：蝴蝶戲珠花
●本州～九州 解説 オオカメノキに似るが葉がやや狭く、紅葉は地味な傾向。ただし日本海側の個体は葉が広い。装飾花（そうしょくか）が球形につく栽培品種オオデマリが庭木にされる。

紅葉 花 狂い咲きしたヤブデマリ（10/24山梨）

×0.5
葉柄は長め

タニウツギ 谷空木

学名：Weigela hortensis（ヴァイゲラ ホルテンシス） ●スイカズラ科タニウツギ属 ●落葉低木（1.5～5m）●北海道・本州の主に日本海側 解説 寒地の林縁や谷沿いの陽地によく生え、庭木や緑化樹にもされる。葉裏は全体に白毛が密生する。秋はふつう黄葉し、果実も熟す。同属のハコネウツギの葉裏はほぼ無毛、ニシキウツギの葉裏は脈上のみ毛が密生する。

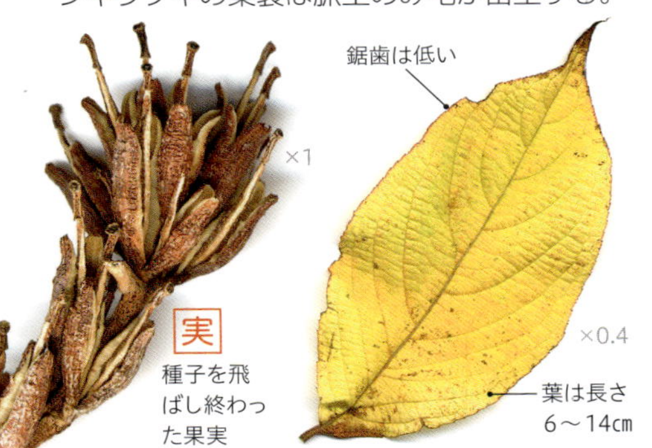
鋸歯は低い
×1
×0.4
葉は長さ
6～14㎝
実 種子を飛ばし終わった果実

紅葉 谷沿いに生えた個体。やや淡い黄色に染まることが多い（11/3 新潟・奥只見）

実 長く枝に残る（12/18 広島）

花 初夏にピンク1色の花が咲く（6/8 富山）

ツクバネウツギ類 衝羽根空木

学名：Abelia spp. 中国名：糯米條、六道木 ●スイカズラ科ツクバネウツギ属 ●落葉低木（1～3m）●本州～九州 解説 果実にプロペラ形の萼片がつき、秋に赤から褐色へと熟し、回転しながら落ちる。ツクバネウツギは萼片が5個、オオツクバネウツギは4～5個、西日本に多いコツクバネウツギは2～3個。紅葉は赤～オレンジ色。

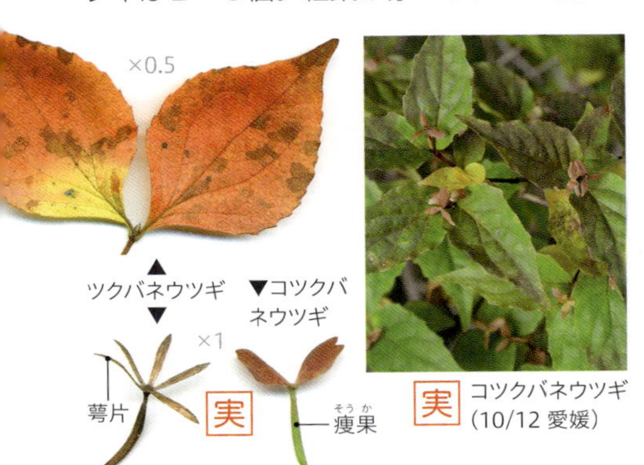
×0.5
▲
ツクバネウツギ
▼
▼コツクバネウツギ
×1
萼片
瘦果
実

実 コツクバネウツギ（10/12 愛媛）

アベリア Aberia

学名：Abelia ×grandiflora

グランディフロラ） 別名：ハナゾノツクバネウツギ（花園衝羽根空木）中国名：大花糯米條 ●スイカズラ科ツクバネウツギ属 ●半常緑低木（1～2m）●園芸種 解説 中国原産2種の雑種で、生垣や庭、公園などによく植えられる。白～ピンク色の花が5～10月まで咲き、秋は赤～赤紫色に紅葉し、葉の半分程度が越冬する。

萼片は2～5個
×0.8
葉は光沢が強い
実（12/18 広島）

花（8/29 福島）

ヤマウルシ 山漆

学名：Toxicodendron trichocarpum（トクシコデンドロン トリコカルプム）
中国名：毛漆樹
●ウルシ科ウルシ属
●落葉小高木（1～7m）
●北海道～九州

つね根の小葉は
小さく丸いことが
特徴。両面有毛
×0.35
ふつう全縁だが、
若木は少数の鋸
歯が出る

実
トゲ状の毛がある皮が
はがれ、白いロウ物質
が見える（7/2 山口）

解説 ウルシ科の木は、カエデ類やナナカマド類と並ぶ紅葉が美しい木の横綱格である。中でもヤマウルシは、山地から低地まで林縁などに広く生え、秋はいち早く色づき、日なたは鮮やかな赤～オレンジ色、日陰では黄色く紅葉してよく目立つ。樹高1～2mの個体が多くて観察しやすいが、樹液でかぶれるので葉は持ち帰らない方がよい。雌株は初秋に果実をぶら下げる。

紅葉 日当たりの悪い林内で黄葉した幼木
（10/18 高知・錦山）

樹皮
幹は太くても直
径10cm前後で、
縦すじが入る

紅葉
林縁で紅葉した幼木。赤
一色よりも、オレンジや黄
色が交じることが多い
（11/6 新潟・魚沼）

●芽吹きから開花・結実まで

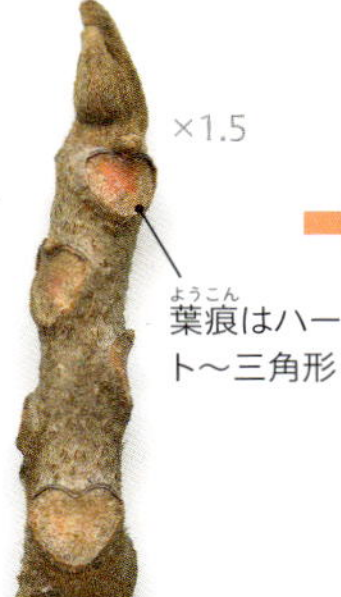

冬芽

三角形状で芽鱗はなく、金色の毛に覆われる

×1.5

葉痕（ようこん）はハート〜三角形

芽吹 新芽は赤い。タラの芽と間違えないよう注意（4/26 熊本）

若葉 蕾 若葉の下に花序も伸びている（5/27 兵庫）

雄花 小さな花が多数ぶら下がる。雌雄異株（6/15 広島）

若い実 果実は径約6㎜でやや扁平（8/25 福島）

実 褐色に熟した果実。外皮がはがれると白く見える（9/19 広島）

本物のウルシは珍しい？

世間で一般に「ウルシ」と呼ばれている木は、正確にはヤマウルシ、あるいはヤマハゼやハゼノキ、ツタウルシの場合が大半です。植物学でいう本来のウルシ（T. verniciflluum）は中国原産で、幹を削って漆液（うるしえき）を採取し、器に塗って漆器（しっき）を作るために昔は各地で栽培されました。しかし現在、漆の産地は岩手県や茨城県などごくわずかになり、ウルシの木を見ることも珍しくなりました。ウルシの葉はヤマウルシに似ますが、小葉が大きくて4〜5対と少なく、表が無毛です。昔の産地では樹高15mにもなった大木が残っていることがあり、秋は赤橙色に紅葉します。

紅葉したウルシ（11/15 神奈川）

漆かきの跡（7/3 岩手・浄法寺）

ハゼノキ 櫨木

学名：Toxicodendron succedaneum（トクシコデンドロン スッケダネウム）
別名：リュウキュウハゼ（琉球櫨）
中国名：野漆、木蠟樹
●ウルシ科ウルシ属
●落葉小高木（3～12ｍ）
●関東～沖縄

葉は全体無毛で光沢がある
×0.35
小葉は4～8対で全縁。幼木は時に鋸歯が出る

(解説) 秋の紅葉は透明感のある美しい赤色で、常緑樹の多い暖地の林で非常に目立つ。本来は中国や沖縄に自生するが、秋に熟す実からロウが採れるため、かつて暖地で広く栽培され、野生化したものが山野でふつうに見られる。現在、櫨蝋（はぜろう）を使ったろうそくなどの生産は、九州や四国の一部に限られる。ウルシ類と同様に、樹液に触れるとかぶれる木の代表種なので覚えておきたい。

×0.5
実 直径1㎝前後の扁球形。つぶして蒸すと、ロウを採取できる

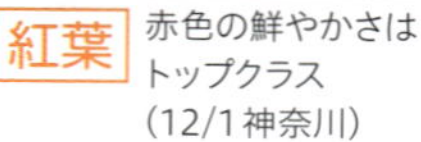
紅葉 赤色の鮮やかさはトップクラス（12/1神奈川）

雄花 黄緑色で多数つく。雌雄異株（5/31山口）

×1.5
冬芽 冬芽や枝は無毛。ヤマハゼやヤマウルシは有毛

樹皮 樹皮は明るい褐色で縦に裂ける

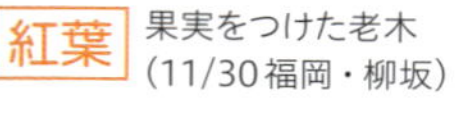
紅葉 果実をつけた老木（11/30福岡・柳坂）

ヤマハゼ 山櫨

学名：Toxicodendron sylvestre 中国名：木蠟樹、野漆樹 ●ウルシ科ウルシ属 ●落葉高木（5～15m）●関東～九州 解説 ハゼノキに似るが、葉は両面有毛で、小葉がやや幅広く、果実のロウは少ない。山野に点在し、ハゼノキより山側に多い。秋は赤く紅葉するが、オレンジ～黄色も交じりやすい。樹液に触れるとかぶれる。

×0.2
×2
葉軸も
有毛

紅葉 ハゼノキより脈が顕著（11/8広島）

カイノキ 楷木

学名：Pistacia chinensis 別名：ランシンボク（爛心木） 中国名：黄連木 ●ウルシ科ランシンボク属 ●落葉高木（1～30m）●中国～フィリピン原産 解説 紅葉が美しく、学問の木とされる。まれに公園や学校に植えられ、岡山の閑谷学校や東京の湯島聖堂が有名。果実は径5㎜前後で秋に青緑～赤～黒紫色に熟す。小葉は偶数。

紅葉 赤または黄色に色づく（11/16東京）

×0.2
小葉はややカマ形

ムクロジ 無患子

学名：Sapindus mukorossi 中国名：無患子 ●ムクロジ科ムクロジ属 ●落葉高木（10～20m）●関東～沖縄 解説 葉は一見ハゼノキに似るが、頂小葉がなく（偶数羽状複葉）、秋は黄葉し、かぶれない。果実は秋にくすんだ黄色に熟し、果皮はサポニンを含むので水でもむと泡立ち、石けんの代用になる。中の種子は羽子板の羽根に使った。

×0.15
小葉は4～6対で長さ7～15㎝
実
×1
種子

紅葉 鮮やかな黄色に染まり、次第に色がくすむ。小葉は大型で無毛（11/6山口・宇部）

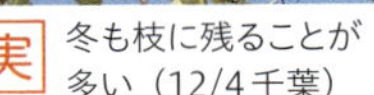

実 冬も枝に残ることが多い（12/4千葉）

樹皮 灰褐色で老木では粗くはがれる

エンジュ 槐

学名：Styphnolobium japonicum（スティフノロビウム ヤポニクム）

中国名：槐

●マメ科エンジュ属

●落葉高木（7～15ｍ）

●中国原産（各地で植栽）

1～6個の種子があり、不規則にくびれる

×1

小葉は5～9対ある。イヌエンジュは3～6対

×0.4

小葉の先はとがる

実

9月初旬の果実。まだ緑色が濃い

解説 街路樹や公園、社寺などに植えられる木。真夏に白い花が咲き、その後に数珠（じゅず）のようにくびれたユニークな果実がぶら下がる。10～11月頃に果実は淡い黄緑色に熟すが裂けず、鳥に食べられる。葉はニセアカシアに似るが、葉先がとがり、秋は多少黄葉する程度。よく似たイヌエンジュは、山地に自生し時に植栽され、しばしば「エンジュ」と呼ばれるが、小葉は3～6対で幅がやや広く、果実の莢（さや）は扁平で異なる。

実 熟した果実はやや黄色みを帯びる（10/30 東京）

花 大きな円錐花序に白花がややまばらにつく（8/24 福岡）

樹皮 樹皮は暗い灰褐色で、縦に裂ける。イヌエンジュの樹皮は菱形の皮目がある

実 果実をつけた街路樹。一部が黄葉している（10/30 東京・千代田区）

ニセアカシア 偽Acacia

学名：Robinia pseudoacacia（ロビニア プセウドアカシア）
別名：ハリエンジュ（針槐）
中国名：刺槐
●マメ科ハリエンジュ属
●落葉高木（7～15m）
●北米原産（各地で植栽・野生化）

実　果実を開いたところ。晩秋に裂けて開きやすくなる

種子

×1

×0.4

小葉は6～18対で、先はわずかに凹む

枝に1対のトゲがある

冬芽　冬芽は葉痕の中に隠れている

×1.5

（解説）一般に「アカシア」とも呼ばれるが、本来のアカシア属とは異なるので「偽」の名があり、植物学ではハリエンジュと呼ばれることが多い。やせ地でも早く成長するため、かつて道路やダム、河川、海岸などの緑化に多用され、広く野生化している。初夏に咲く花は主要な蜜源植物で、街路樹や公園樹にもされる。秋は扁平な果実（豆果（とうか））がなり、黄葉するがさほど目立たない。

花　5～6月に白花がブドウの房状に垂れてつく（5/13 山口）

実　裂開前の果実。長さ5～10cmほど（1/1 山口）

樹皮　コナラに似て縦によく裂ける。指で押さえるとやや弾力がある

紅葉　若木の黄葉。緑色の葉と交じることが多い（10/24 長野・飯田）

フジ 藤

学名：Wisteria floribunda
別名：ノダフジ（野田藤）
中国名：多花紫藤
- マメ科フジ属
- 落葉つる植物（3～20ｍ）
- 本州～九州

×1

種子
径1.5㎝前後と大型。発芽後の成長も早い

(解説) マメ科の中では珍しく黄葉がよく目立つ。低地～山地まで道沿いの林縁などによく生え、頑丈なつるでほかの木に巻きつき、高木の樹冠にも登る。公園や庭で藤棚として植えられることも多い。晩春に紫色の花を長く垂らし、秋は濃い黄色に黄葉してよく目立つ。マメ科特有の大きな果実をぶら下げる様子も目立ち、秋に褐色に熟すと、ねじれるように裂けて種子をはじき飛ばす。

×0.5
ふちはやや波打つ
×0.4
小葉は5～9対で、ヤマフジより細長い

実
長さ10～20㎝。表面は触り心地のよい毛に覆われる

紅葉
黄葉した藤棚のフジ。透明感のある黄色で鮮やか（12/5 名古屋・白鳥庭園）

若い実
夏に大きな莢が目立ち始める（8/23 福島）

花
花は淡い紫色で、30～100㎝の長い花序につき美しい（5/7 山口）

樹皮
つるは左上に巻き、よく似たヤマフジと逆方向。太さ20㎝にもなる

ヤマフジ 山藤

学名：Wisteria brachybotrys ●マメ科フジ属 ●落葉つる植物（3〜15m）●中部地方〜九州 解説 フジによく似るが、つるの巻き方が逆で、花の房が短く、西日本に分布する。鉢植えにされることもある。葉はフジより小葉が幅広く、枚数が少ないことが違い。秋はフジ同様に黄葉し、大きな果実（豆果）がぶら下がる。

小葉は4〜6対
×0.25
花 (4/17 山口)
若い実 (9/19 広島)

ネムノキ 合歓木

学名：Albizia julibrissin 中国名：合歓 ●マメ科ネムノキ属 ●落葉高木（4〜12m）●本州〜九州 解説 長さ1cm前後の小葉が、2回分岐した軸に並んで1枚の葉を構成し、2回羽状複葉と呼ばれる。夜に葉が閉じることが名の由来。夏は筆を広げたようなピンクの花が目立つ。秋はほとんど紅葉せずに落葉し、褐色の扁平な果実が枝に残る。

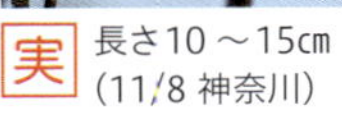
実 長さ10〜15cm (11/8 神奈川)

×0.2

サイカチ 皂莢

学名：Gleditsia japonica 中国名：山皂莢 ●マメ科サイカチ属 ●落葉高木（10〜20m）●本州〜九州 解説 河原などに生え、時に神社や公園に植えられる珍しい木。秋に熟す大きな果実はサポニンを含み、石けんの代用になる。その昔、日本に生息したゾウがこの実を食べて、種子を散布したという説もある。葉は秋に黄葉する。

小葉は6〜12対で偶数
※時に2回羽状複葉もある
×0.2
実
長さ15〜30cmの豆果。中に長さ約1cmの種子が入る
×0.15

実 サイカチの実は黒褐色で著しくねじれる。本州産樹木としては最大級の果実（10/6 広島・太田川）

実 莢をぬらしてもむと泡立つ（10/6 広島）

樹皮 幹に分岐した鋭いトゲがつく

キハダ 黄檗、黄膚

学名：Phellodendron amurense　中国名：黄檗　●ミカン科キハダ属　●落葉高木（5～20m）　●北海道～九州　解説 山地の谷沿いに生える。樹皮を削ると黄色い内皮が見え、これを胃腸薬（黄檗）などに用いるため栽培もされる。葉はもむとミカン臭があり、秋は黄葉する。雌株は秋に黒い実をつけ、長野県ではこの実で飴が作られている。

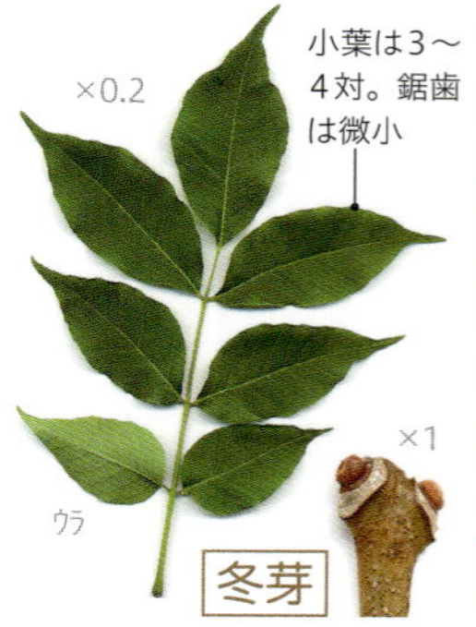
×0.2
小葉は3～4対。鋸歯は微小
ウラ
×1

冬芽

実　紅葉　実は径約1cm（11/30 福岡）

センニンソウ 仙人草

学名：Clematis terniflora　中国名：圓錐鐵線蓮、黃藥子　●キンポウゲ科センニンソウ属　●半落葉つる植物（2～7m）●北海道～沖縄　解説 明るいヤブに生える。秋に熟す果実の毛を仙人のひげに見立てた名前。葉は羽状複葉だが、葉柄で草木に巻きつくので分かりにくい。秋は時に赤く紅葉するが、緑色のまま越冬することもある。

小葉は全縁、時に鋸歯や切れ込みがある
×0.15

紅葉（12/13 山口）

実　毛状の花柱が広がり始める（10/23 山梨）

ゴンズイ 権萃

学名：Euscaphis japonica　中国名：野鴉椿　●ミツバウツギ科ゴンズイ属　●落葉小高木（2～8m）●関東～沖縄　解説 暖地の林に点在し、樹皮が魚のゴンズイに似たしま模様になる。木材は時に異臭があり、「小便の木」などの方言名が各地にある。紅葉ははじめ濃い紫色になり、その後オレンジ～赤色になることが多い。秋は果実も目立つ。

×0.25
紅葉し始めの葉。小葉は3～4対で光沢が強い
赤い袋が裂け、黒い種子が1～2個出る
×1

袋果が1～3個集まった集合果　実

紅葉　葉表に赤い色素ができ、葉裏に葉緑素が残るので、重なって紫色に見える（12/8 静岡・城ヶ崎）

実　年明けまで残った果実（1/1 山口）

樹皮　暗い褐色に白っぽい縦すじが入る

シオジ 塩地

学名：Fraxinus platypoda　中国名：象蠟樹　●モクセイ科トネリコ属　●落葉高木（15～35m）●関東～九州　解説 冷涼な山地の渓谷沿いに時に生え、大木になる。同じ環境に生えるサワグルミに似るが、葉は対生する。秋は淡い黄緑～黄色に黄葉することが多く、雌株は実（翼果）が熟す。中部地方以北に産する同属のヤチダモも同様。

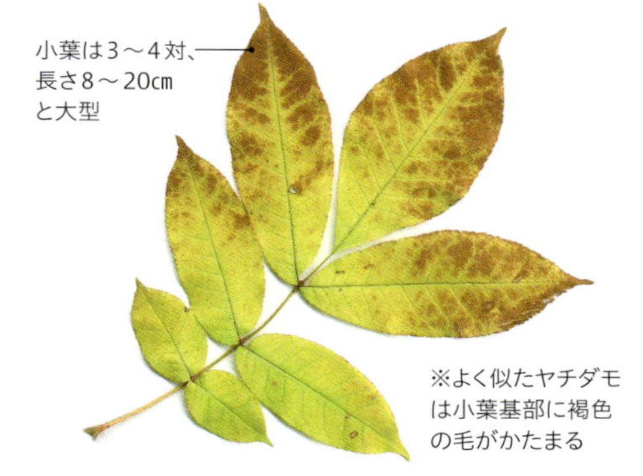
小葉は3～4対、長さ8～20cmと大型

※よく似たヤチダモは小葉基部に褐色の毛がかたまる

紅葉 黄葉は薄い色が多く、さほど目立たない（11/3 栃木・日光植物園）

樹皮 縦に裂ける。ヤチダモも同様

実 褐色に熟したヤチダモの果実（9/25 北海道）

アオダモ 青梻

学名：Fraxinus lanuginosa　別名：コバノトネリコ（小葉梣）●モクセイ科トネリコ属　●落葉小高木（5～15m）●北海道～九州　解説 冷涼な山地に生え、木材は野球のバットに使われる。小型の羽状複葉で、陽地では秋にくすんだ赤橙色に紅葉し、そこそこ鮮やか。雌株は秋に果実（翼果）が熟す。低地に多いマルバアオダモも同様。

×0.3
小葉は2～3対。日陰は黄葉する

実 マルバアオダモの果実（8/24 香川）

紅葉（10/31 広島）

トネリコバノカエデ 梣葉楓

学名：Acer negundo　別名：ネグンドカエデ　中国名：複葉楓　●ムクロジ科カエデ属　●落葉小高木（4～15m）●北米原産　解説 カエデの仲間だが小葉1～2対の羽状複葉で、トネリコ類に似る。主に北日本で庭木や公園樹にされ、白～ピンク色の斑が入る栽培品種‘フラミンゴ’がよく植えられる。秋は黄葉し、翼果が褐色に熟す。

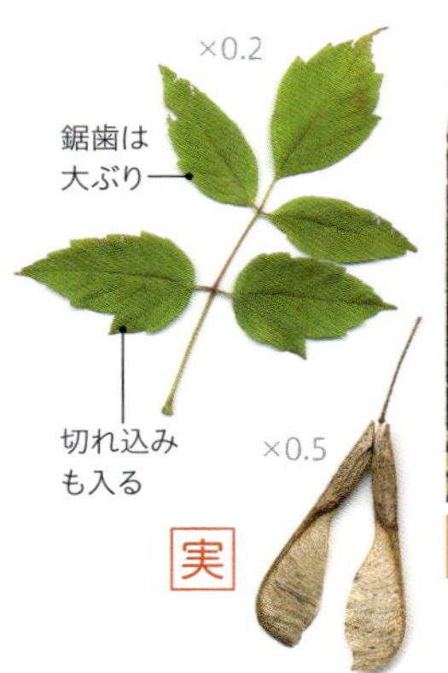
×0.2
鋸歯は大ぶり
切れ込みも入る
×0.5

実

紅葉 斑入り栽培品種の黄葉（10/31 宮城）

シンジュ 神樹

学名：Ailanthus altissima（アイランツス アルティッシマ） 別名：ニワウルシ（庭漆） 中国名：臭椿、樗 ●ニガキ科ニワウルシ属 ●落葉高木（10～20m） ●中国原産（各地で植栽・野生化） 解説 かつて養蚕（ようさん）用や街路樹に植えられ、林縁や道端に野生化している。雌株は秋に果実が熟す。葉はカラスザンショウに似た非常に長い羽状複葉（うじょうふくよう）で、多少黄葉するが目立たない。

小葉は10～20対。基部に数対の鋸歯がある

×0.2

実 翼果（よくか）で風に舞う

×1

実 秋に褐色に熟す（9/11 埼玉・飯能）

若い実 赤みを帯びる（6/23 神奈川）

実 冬も枝に残り、花のよう（12/27 広島）

樹皮 浅く裂けたようなしわがある

カラスザンショウ 烏山椒

学名：Zanthoxylum ailanthoides（ザントクシルム アイラントイデス） 中国名：椿葉花椒、食茱萸 ●ミカン科サンショウ属 ●落葉高木（6～15m）●本州～沖縄

解説 暖地の陽地に生える先駆性樹木の代表種。葉は非常に長い羽状複葉（うじょうふくよう）で、秋は比較的濃く黄葉して目立つ。雌株が11～1月頃に熟す果実は、サンショウに似た香りがあり、落葉後も枝に残って鳥が食べに来る。

紅葉 実 逆三角形の樹形になる。枝先に果実がついている（12/10 山口・上関）

小葉は7～15対。もむと強烈な山椒臭がある

×0.2

鋸歯は微細かほぼ全縁

実 熟すと裂けて黒い種子を出す

×1

冬芽 枝は緑色でトゲが多い（4/20 山口）

樹皮 幹はトゲやその台座が残る

サンショウ 山椒

学名：Zanthoxylum piperitum　別名：ハジカミ（椒）　中国名：蜀椒　●ミカン科サンショウ属　●落葉低木（1～5m）●北海道～九州　解説 低山の林に生え、若葉は「木の芽」と呼ばれ山菜に、果実は香辛料にされるので栽培もされる。9～10月に果実が赤く熟して裂け、後に葉がやや淡く黄葉する。ふつう枝に対生するトゲがある。

小葉5～9対で小型。もむと山椒の香り
×0.3
×1
実
種子は黒い

紅葉 黄葉は上品な色（12/3 東京）

センダン 梅檀

学名：Melia azedarach　別名：オウチ（楝）　中国名：楝　●センダン科センダン属　●落葉高木（7～20m）●関東～沖縄　解説 暖地の明るい山野に生え、街路や公園、学校にも植えられる。葉は2回羽状複葉と呼ばれる形。秋は淡い黄色の実がなり、冬も枝に残って目立つ。ヒヨドリはこの大きな実を丸呑みする。葉は多少黄葉する程度。

×0.15
×1

実 中の種子の断面は星形（11/14 神奈川）

タラノキ 楤木

学名：Aralia elata　中国名：遼東楤木　●ウコギ科タラノキ属　●落葉低木（1～7m）●北海道～九州　解説 山野の明るい場所や道沿いによく生え、新芽は山菜の王様「タラの芽」として人気で、栽培もされる。葉は大型の2回羽状複葉で、幹とともにしばしばトゲがある。秋はくすんだ赤やオレンジ色に紅葉し、果実も黒紫色に熟す。

紅葉 紫、赤、オレンジが鮮やかに交じったタラノキ。地下茎で増える（10/23 山梨・大月）

冬芽 幹は分岐せず、大きな冬芽と、V字の葉痕、枝のトゲが特徴

これは葉の一部分。裏は白毛が多い
×0.2

実 果実は径3～4㎜で球状につく（11/9 三重）

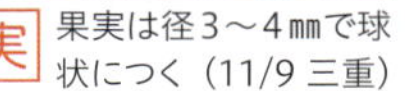

花 晩夏に白花が大きな花序につく（9/3 神奈川）

ヌルデ 白膠木

学名：Rhus javanica
別名：フシノキ（五倍子木）
中国名：鹽膚木、五倍子樹
●ウルシ科ヌルデ属
●落葉小高木（3～7ｍ）
●北海道～沖縄

×0.3

実
果実は乾燥して褐色になり、枝に残る

小葉は4～7対。ふちに明瞭な鋸歯がある
葉軸に翼がつく
×0.3

解説 羽状複葉の軸（葉軸）にひれ状の翼がつくので見分けやすい。低地～山地の道端や林縁など明るい場所によく生える。葉に虫こぶや病気が生じることが多く、暖地での紅葉はくすんだ汚らしい色が多いが、寒地ではオレンジ～赤色に鮮やかに紅葉する。果実も秋に熟す。名の由来は、樹液をウルシ類同様にお碗などに塗ったためで、樹液が肌につくと時にかぶれるので注意。

紅葉 実 果実をつけた個体。成木は逆三角形状の樹形になる（10/24 広島・芸北）

樹皮 裂け目はなく、皮目が散らばる

紅葉 標高800ｍの高地で鮮やかに色づいた若木。暖地ではなかなかお目にかかれない色（10/30 広島・八幡湿原）

●冬芽と芽吹き

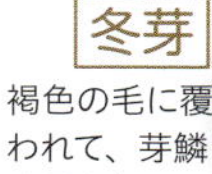

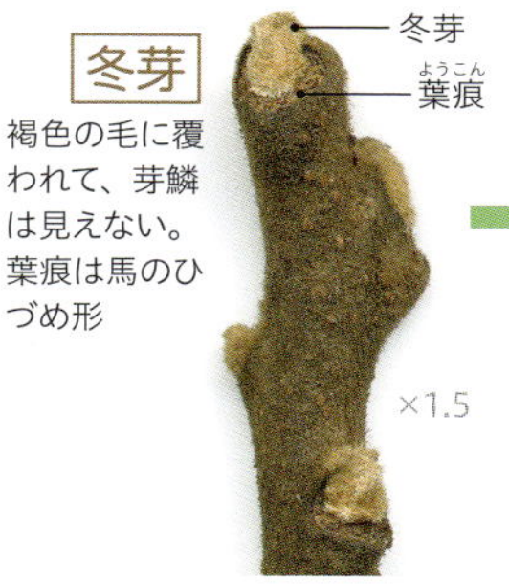
冬芽
葉痕
×1.5

冬芽　褐色の毛に覆われて、芽鱗は見えない。葉痕は馬のひづめ形

芽吹　花期は遅いので、葉だけが芽吹く（5/9 山口）

若葉　幼木の若葉。葉軸は赤みを帯びることが多い（5/25 神奈川）

●花から果実へ

蕾　8～9月頃、枝先に大きな花序を出す（9/3 神奈川）

雄花　花は小型で白色。雌雄異株（9/3 神奈川）

実　熟すと塩味と酸味のある白い物質を分泌する（10/26 山口）

実　冬も枝に残り、鳥が食べに来る（2/5 神奈川）

お金になったヌルデの虫こぶ

ヌルデの葉には、時に5㎝前後の奇妙なこぶがつきます。これは、ヌルデシロアブラムシが寄生してできたヌルデミミフシという虫こぶで、「フシ」「五倍子（ごばいし）」とも呼ばれます。昔はこの虫こぶからタンニンを採取し、インクやお歯黒、医療などに使ったため、薬屋に持っていくと買い取ってもらえたといいます。

葉軸についた虫こぶ。黄緑～赤色で夏～秋につく

虫こぶの断面。白粉を吹いた小さなアブラムシが多数すんでいる（9/18 広島）

オニグルミ 鬼胡桃

学名：Juglans mandshurica（ユグランス マンシュリカ）
中国名：胡桃楸
●クルミ科クルミ属
●落葉高木（5～20m）
●北海道～九州

×0.3

小葉は重なり合うほど幅広い。裏はやや粘る毛が多い

小葉は5～9対、長さ8～18cmと大型。羽状複葉全体は長さ50cm以上になる

解説 ナッツとして知られるクルミには、日本在来のオニグルミと、栽培されるカシグルミがある。オニグルミは東日本や寒地に多く、低地～山地の川沿いによく生え、時に植えられる。果実は9～10月頃にくすんだ黄緑～黒褐色に熟す。樹下に落ちた実の皮を取り、中の堅果（けんか）の殻を割れば食べられる。葉は大型の羽状複葉で、秋は黄葉するが、褐色化や落葉も早く、あまり目立たない。

実 ごつごつした堅果が「鬼」の名の由来

×1

種子 堅果を割ると白い種子（子葉）があり、カシグルミ同様の味で食べられる。リスやネズミも大好物

実 落ちた果実。肉質の皮はやがて黒く腐る（9/18 山形）

紅葉 葉が順次落ち、まばらに黄葉する印象がある（10/23 山梨・大月）

樹皮 成木ほど深く縦に裂ける

●芽吹きから開花・結実まで

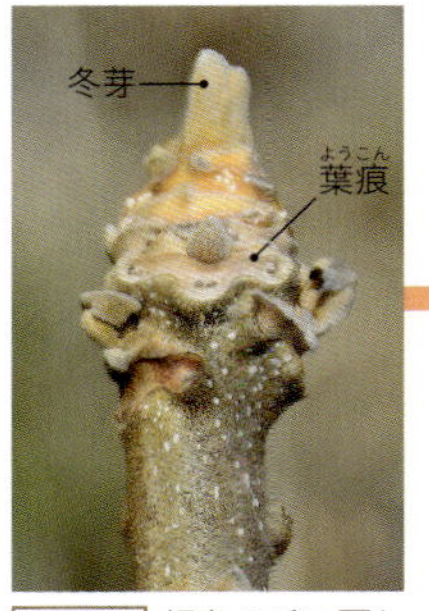
冬芽
葉痕

冬芽 褐色の毛に覆われる。葉痕はヒツジの顔のよう（2/2 山口）

芽吹 毛に覆われた葉が開き始める（4/7 鳥取）

若葉 蕾 葉の下に雄花が伸び始めている（4/13 広島）

花 雌雄同株で、雌花序は上向き、雄花序は下向きにつく（5/4 山口）

雌花 雌しべは2裂し赤い

雄花 雄花は黄緑色で、花序の長さは20㎝前後

若い実 果実は径4㎝前後の卵球形で、表面は毛が密生する。房になってぶら下がる（6/17 神奈川）

類似種

カシグルミ 菓子胡桃

学名：J. regia（レギア） 別名：テウチグルミ（手打胡桃）、ペルシャグルミ 中国名：胡桃 ●クルミ科クルミ属 ●落葉高木（7～20ｍ）●西アジア～ヨーロッパ原産 解説 長野県などで栽培されるが少ない。果実は大型で10月頃に熟し、葉は鋸歯がない。

実 実は径5㎝前後の大きな球形で無毛。いわゆる食用のクルミ（7/21 長野）

ウラ
×0.25

カシルグルミの小葉は2～3対、長さ7～18㎝で全縁

サワグルミ 沢胡桃

学名：Pterocarya rhoifolia
別名：カワグルミ（川胡桃）
中国名：水胡桃
●クルミ科サワグルミ属
●落葉高木（15～35m）
●北海道～九州

小葉は4～10対で、オニグルミより細い
中の種子は小さいが食べられ、クルミの味がする
×1
×0.3

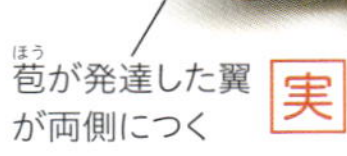

苞が発達した翼が両側につく　実

（解説）山地の渓谷林を構成する代表種で、幹を直立させてすらりとした大木になり、谷に沿ってサワグルミ林をつくる。クルミの仲間だが実の形はオニグルミと大きく異なり、翼のある小さな果実（堅果）を長い穂にぶら下げる。秋に褐色に熟した果実は、風や水流で散布される。葉はオニグルミによりやや小型で、秋は多少黄葉するが、落葉や褐色化が早く、華やかさはない。

実　長さ30～40cmの長い果序に多数の果実をぶら下げる（9/14 石川・白山）

×1

冬芽　芽鱗がはずれ、毛に包まれた幼い葉が見える

樹皮　白っぽい色で縦に裂け、ややはがれる

紅葉　黄葉した葉がまばらに残る。葉がよく似たヤチダモやシオジ、キハダなどとよく混生する（11/6 富山・片貝川）

ノグルミ 野胡桃

学名：Platycarya strobilacea　中国名：化香樹　●クルミ科ノグルミ属　●落葉高木（5～20m）●東海～九州　解説 西日本の低山に生えるやや珍しい木。秋～冬にヤシャブシに似た松かさ状の実（果穂）を上向きにつけ、「キツネのかんざし」の地方名もある。葉はサワグルミより細身で、小葉はやや湾曲することが多い。秋は多少黄葉する。

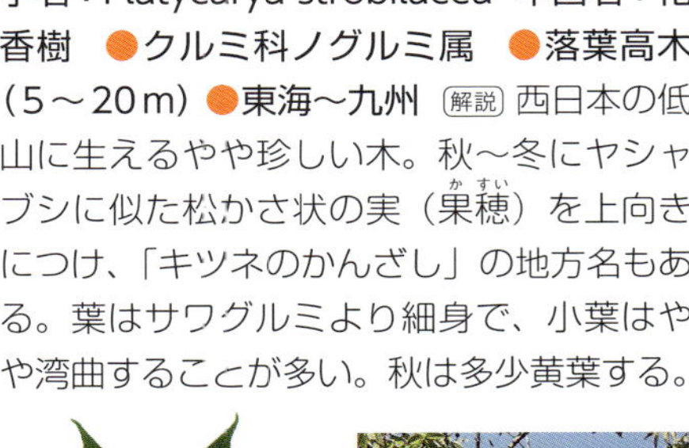
×0.15
×0.5

実 実は冬も残って目立つ（10/3 神戸）

バライチゴ 薔薇苺

学名：Rubus illecebrosus　別名：ミヤマイチゴ（深山苺）●バラ科キイチゴ属　●落葉低木（0.1～0.5m）●関東～九州　解説 山地の林縁や原野に生える。キイチゴの仲間だが、バラに似た小葉2～3対の羽状複葉をもち、枝葉にトゲがある。果実はキイチゴ類の中では遅く、8～10月まで見られ、甘ずっぱくて食べられる。

×0.3

紅葉 紅葉は地味（10/24 山梨）

実 集合果は径約1.5cm（9/28 山梨）

ノイバラ 野茨

学名：Rosa multiflora　別名：ノバラ（野薔薇）中国名：野薔薇　●バラ科バラ属　●落葉低木（0.5～2m）●本州～九州　解説 身近な山野に最もふつうに生えるバラで、トゲのある枝をはうように伸ばす。小型の羽状複葉で、くし形の托葉が特徴。秋にオレンジや黄色に紅葉することもあるが、目立たない。果実は秋に赤く熟して枝に残る。

小葉は3～4対
×0.4
托葉
トゲ
×1

実 リンゴのような味で食べられる（10/31 宮城）

ハマナス 浜梨

学名：Rosa rugosa　別名：ハマナシ（浜梨）中国名：玫瑰　●バラ科バラ属　●落葉低木（0.5～1.5m）●北海道・本州の主に日本海側　解説 北国の海岸に生えるバラで、街路や公園、庭にも植えられる。葉も果実もノイバラより大きく、幹はトゲが密生する。秋は濃く鮮やかな黄～赤橙色に紅葉し、果実も初秋に熟し食べられる。

紅葉 細い幹を多数出す（12/3 山口）

しわが多い
×0.4
×0.7
托葉

径2～3cm 実

ナナカマド 七竈

学名：Sorbus commixta（ソルブス コンミクスタ）

中国名：花楸（※属名）

●バラ科ナナカマド属

●落葉小高木（3～12m）

●北海道～九州

×1
×0.5
小葉は
4～7対
ふち全体に細
かく鋭い鋸歯
がある

実
果実は径約1㎝。
苦くて食べられない

(解説) 北国の秋を代表する木で、山地～高山に生え、北日本では街路樹や公園樹、庭木にも人気が高い。秋は赤～オレンジ色に紅葉するとともに、赤い果実もたわわに実り、特に日なたでは木全体がまっ赤に染まり美しい。名は、材を7回かまどに入れても燃え残るといわれるため。よく似た別種に、高山に多いウラジロナナカマド、低木で庭木にされるニワナナカマドなどがある。

紅葉
駐車場に植えられた木。日当たりがよいので見事に紅葉していた（10/23 長野・茅野）

実 紅葉 赤い果実に赤い紅葉の組み合わせの木は意外に少ない（10/23 山梨・茅野）

樹皮
紫色を帯びた暗い色で、短い横向きの皮目がある。ただし変異が多い

●芽吹きから開花・結実まで

×1.5

冬芽

芽鱗は赤みを帯び、粘ることが多い

芽吹 葉が開く（4/28 広島）

蕾 葉と蕾をつけた花序が出る（4/28 広島）

若葉 株立ち樹形になることも多い（5/12 鳥取・大山）

花 白い花が径10cmほどの面状の散房花序につく（5/19 神奈川）

実 葉が紅葉する前の晩夏から果実が赤くなる（8/30 福島）

実 冬も果実が枝に残り、雪景色によく目立つ。霜に当たってから鳥がよく食べる（12/29 山形）

類似種

ウラジロナナカマド 裏白七竈

学名：Sorbus matsumurana（ソルブス マツムラナ） ●バラ科ナナカマド属 ●落葉低木（1～4m）●北海道～中部地方 解説 高山の紅葉の主役で、日本アルプスや北海道の山地に群生する。紅葉は赤～オレンジ、黄色と個体差がある。

類似種

ニワナナカマド 庭七竈

学名：Sorbaria kirilowii（ソルバリア キリロウィー） 別名：チンシバイ（珍珠梅） 中国名：華北珍珠梅 ●バラ科ホザキナナカマド属 ●落葉低木（1～3m）●中国原産（本州～九州で植栽） 解説 花序が穂状につき、果実は緑～褐色の袋果（たいか）で地味。紅葉は黄色か時に赤橙色。

小葉の先は丸く、先半分に鋸歯がある
×0.3
ウラ
裏はやや白い
×0.3
小葉は6～10対と多く、細い

実 ウラジロナナカマドの実（10/2 長野）

花 ニワナナカマドは円錐花序（7/21 長野）

ハギ類 萩

学名：Lespedeza spp.　中国名：胡枝子 ●マメ科ハギ属 ●落葉低木（1～2m）●北海道～沖縄 解説 秋の七草に数えられるハギ類は、ふつう7～10月にピンク色の花をつけ、晩秋に黄葉する。葉形は大小変異が多く、種類も多いので正確な区別は難しいが、庭や公園によく植えられるミヤギノハギをはじめ、ヤマハギ、マルバハギ、キハギ、ツクシハギなどが山野に見られる。

花 栽培されるミヤギノハギは、細い幹を多数出し、枝先が長く垂れる樹形が特徴（9/28山口・田布施）

▼ミヤギノハギ
小葉の先はとがり、裏は白毛が密生
×0.7

×0.7
▲マルバハギ
小葉は丸く、先はふつう凹む。葉柄は短め。本州～九州。

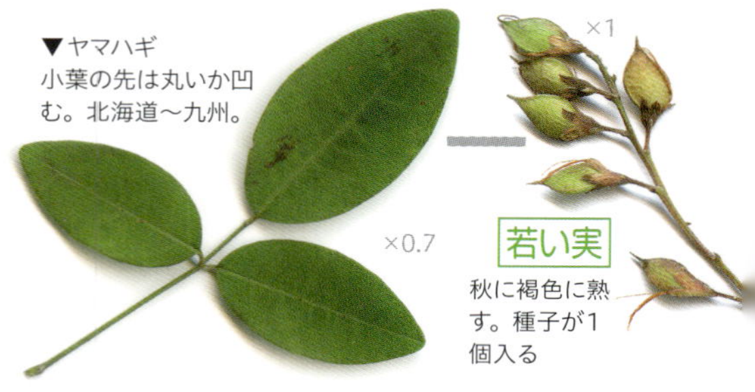

▼ヤマハギ
小葉の先は丸いか凹む。北海道～九州。
×0.7

×1
若い実
秋に褐色に熟す。種子が1個入る

クズ 葛

学名：Pueraria lobata　中国名：葛 ●マメ科クズ属 ●落葉つる植物（1～15m）●北海道～九州 解説 ハギとともに秋の七草に数えられ、7～9月に花をつける。3枚セットの大きな葉で、晩秋に黄葉する。つるでほかの草木に巻きつき、しばしば大繁茂する迷惑者の一面もある。つるの根元はかなり太くなり、根から葛粉が採れる。

花 穂状の花序に紅紫色の花を多数つけたクズ。小葉が浅く切れ込む葉も多い（9/20静岡・大瀬崎）

冠をかぶった兵隊の顔に見える
冬芽
×1.5
冬芽
葉痕
×0.2
ウラ

花 花弁は赤紫色で中心は黄色（9/25山梨）

実 黒い豆果で褐色の毛が多い（12/17東京）

ツタウルシ 蔦漆

学名：Toxicodendron orientale（トクシコデンドロン オリエンタレ）
中国名：藤漆、野葛
●ウルシ科ウルシ属
●落葉つる植物（5～15m）
●北海道～九州

×0.3
ふつう全縁だが、小型の葉は時に鋸歯がある
小葉は長さ5～15cmで変異がある。表は無毛、裏は葉脈の分岐点に毛が密生する
葉柄はふつう赤い
幼い葉が見え、褐色の毛に覆われる
冬芽
実
×1

晩秋の果実。黄褐色の皮がはがれ、白いロウ質に覆われた状態になる

(解説) 茎から気根（きこん）を出し、ほかの木の幹や岩場をよじ登る。紅葉は日なたほど鮮やかに色づき、赤～黄色まで個体差もあり非常に美しい。思わず手に取ってしまいそうだが、樹液が肌につくとかぶれるので要注意。低地から山地の林まで広く生え、スギ林の中でも見かける。高い場所に登って横枝を出し、雌株は秋に果実をつける。幼い枝は地面をはっていることも多い。

若葉 花実のつかない枝では、鋸歯のある小型の葉もよく交じる（4/23静岡・富士宮）

芽吹 蕾 日なたでは赤色を帯びる。基部に見えるのは蕾。花は黄緑色で初夏に咲く（5/6神奈川・丹沢）

紅葉 アカマツの幹に登った個体（10/31宮城・石巻）

メグスリノキ 目薬木

学名：Acer maximowiczianum　別名：チョウジャノキ（長者木）　中国名：毛果槭 ●ムクロジ科カエデ属 ●落葉高木（7～20m）●東北南部～九州 解説 樹皮を目の薬に使うのでこの名があるが、歴としたカエデの仲間。秋はサーモンピンク～赤、またはオレンジ色に紅葉して美しいので、近年は庭木にも増えた。葉も実も毛が多い。

鋸歯は低く鈍い。
葉は対生
葉柄は剛
毛が密生
×0.3

実 果実は大きな翼果で夏～秋に熟す（7/7 神奈川）

紅葉 樹冠を見上げたところ。特有のピンク色で、日陰はクリーム色を帯びる（11/13 山梨・忍野）

紅葉 紅葉始めの色も独特（12/8 神奈川）

樹皮 樹皮は平滑で縦にすじが入る

ミツデカエデ 三手楓

学名：Acer cissifolium　中国名：薮葉槭 ●ムクロジ科カエデ属 ●落葉高木（7～15m）●北海道～九州 解説 山地の谷沿いなどに生えるが多くはない。名の通り、葉は3枚セットの三出複葉で、角張った鋸歯が目立つ。秋はふつう黄～オレンジ色、まれに赤く紅葉するが、カエデ類としては地味なほう。果実も秋に熟す。

葉は対生
×0.3
葉柄は赤み
を帯びる
×1

実

紅葉 やや褐色化しやすい（11/21 東京）

ミツバウツギ 三葉空木

学名：Staphylea bumalda　中国名：省沽油 ●ミツバウツギ科ミツバウツギ属 ●落葉低木（2～5m）●北海道～九州 解説 山地の谷沿いなど湿った場所に生える。5月頃に白い5弁の花をつけ、新芽や蕾は山菜になる。果実はハートを逆さにつるしたようなユニークな形で、秋に褐色に熟す。葉は秋に黄葉するが、特に目立たない。

若い実 扁平な蒴果（8/18 広島）

葉は
対生
×0.3
丸い種子が左右
1個ずつ入る
×0.7

実

ボタンヅル 牡丹蔓

学名：Clematis apiifolia　中国名：女萎 ●キンポウゲ科センニンソウ属 ●落葉つる植物（2～7m）●本州～九州 解説 主に山地の林縁に生え、ほかの草木に登る。太いつるは白っぽく、縦に裂けて木質化する。秋に熟す実は白い羽毛状の毛（雌しべの花柱）があり、落葉後も枝に残り目立つ。葉は粗い鋸歯としわが目立ち、多少黄葉する。

やや切れ込む
×0.3
葉は対生

実 風で飛ばされる（10/30 神奈川）

クサイチゴ 草苺

学名：Rubus hirsutus　別名：ワセイチゴ（早稲苺）中国名：蓬虆懸鉤子 ●バラ科キイチゴ属 ●半落葉低木（0.1～0.5m）●本州～九州 解説 身近なヤブや林縁にふつうに生えるキイチゴで、4～5月に赤い果実がなり食べられる。葉は三出複葉か小葉5枚の羽状複葉で、秋は条件がよいと鮮やかな赤～黄色に紅葉する。

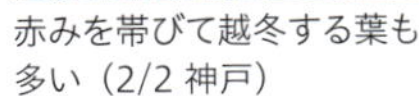

赤みを帯びて越冬する葉も多い（2/2 神戸）

両面に毛が多い
×0.3
枝や葉柄はトゲがある。葉は互生

タカノツメ 鷹爪

学名：Gamblea innovans　別名：イモノキ（芋木）●ウコギ科タカノツメ属 ●落葉小高木（4～10m）●北海道～九州 解説 やせ地や岩場などに生え、木全体がコシアブラに似るが、小葉は3枚。名は冬芽がタカの爪に似るため。黄葉は澄んだ黄色でかなり美しく、落ち葉は時に焼き芋のような香りを発する。若葉は山菜にもなる。

鋸歯は小ぶり
葉は互生
×0.3

実 雌株は秋に黒い果実をつける（10/12 長崎）

紅葉（11/6 広島）

ミツバアケビ 三葉木通、三葉通草

学名：Akebia trifoliata　中国名：三葉木通 ●アケビ科アケビ属 ●落葉つる植物（3～15m）●北海道～九州 解説 山野の林縁によく生え、栽培もされる。アケビに似るが小葉は3枚で、波状の鋸歯がある。秋は多少黄葉する。果実もアケビとほぼ同じで、長さ約10cmで赤紫～淡紫色に熟して裂け、とても甘い。春に咲く花は濃い紫色。

大きさは変異が大きい
×0.3
葉は互生

実 10月頃熟す（10/7 山口）

アケビ 木通、通草

学名：Akebia quinata 中国名：木通 ●アケビ科アケビ属 ●落葉つる植物（3〜15m）●本州〜九州 解説 秋を代表する山の味覚で、9〜10月に大きな果実が熟して開き、「開け実」が名の由来とされる。低地の市街地近郊にもよく生えるが、高いつるの上に実がなるので気づきにくい。栽培もされる。葉は多少黄葉するが目立たない。

×0.4
×0.4
小葉は5枚で全緑

実 長さ10cm前後。白い果肉は甘い

実 受粉した雌しべの数だけ果実が房になる。色は淡紫、白緑、褐色など変異がある（9/15 静岡・伊豆）

種子 黒い種子が多数入る（10/22 愛媛）

花 上が雌花、下は雄花（4/13 山口）

ウコギ類 五加木

学名：Eleutherococcus spp. 中国名：五加 ●ウコギ科ウコギ属 ●落葉低木（1〜4m）●北海道〜九州 解説 ウコギ類は主に6種があり、葉は小葉5枚で鋸歯があり、ちぎると香りがあり、秋は多少黄葉する。枝はトゲがあり、球形の花序をつけ、多くは秋に赤紫〜黒色の果実をつける。ヒメウコギやヤマウコギの若葉は山菜にされる。

紅葉 黄葉し始めたケヤマウコギ。両面有毛で山地に比較的多い（9/27 山梨・山中湖）

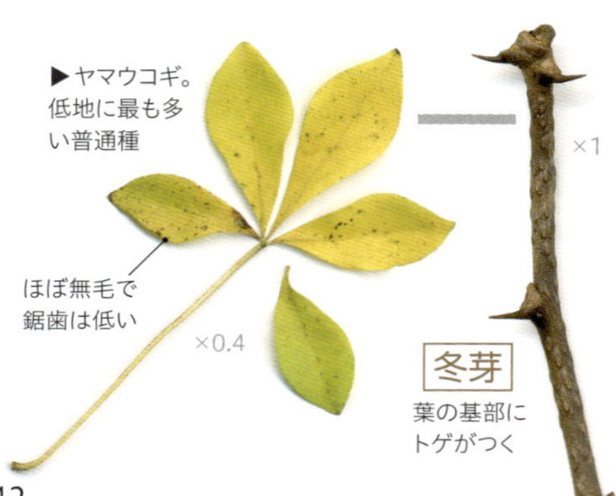

▶ヤマウコギ。低地に最も多い普通種
ほぼ無毛で鋸歯は低い
×0.4
×1

冬芽 葉の基部にトゲがつく

実 ケヤマウコギの果実（10/17 宮崎）

花 エゾウコギの花（7/20 長野）

コシアブラ 漉油

学名：Chengiopanax sciadophylloides（チェンギオパナクス スキアドフィロイデス）
別名：ゴンゼツ（金漆）
●ウコギ科コシアブラ属
●落葉高木（5～20ｍ）
●北海道～九州

×0.4

ちぎるとウコギ科特有の香りがある

小ぶりでとがる鋸歯がある

小葉は5枚で明瞭な小葉柄がある

(解説) 秋に淡いレモンイエロー～白いに近いクリーム色に黄葉し、ほかの樹木には見られない色で独特の存在感を放つ。葉はトチノキに次ぐ大型の掌状複葉（しょうじょうふくよう）で、小葉に柄があり、葉が互生する点でトチノキと区別できる。若葉は山菜として密かな人気があり、天ぷらやお浸しにして食べられる。山地のブナ林に多いが、低山のやせた尾根などにも点在し、秋は黒紫色の果実も熟す。

葉痕（ようこん）

冬芽 タカノツメに似て、横に長い葉痕が重なり、先に三角の冬芽がつく ×1

芽吹 山菜にされるサイズ。タラノキより濃い味（4/26 大分）

実 果実は径4～5㎜で球状に集まってつく（10/25 山梨）

樹皮 白っぽく平滑で、点状の皮目が散らばる

紅葉 **実** 淡い黄葉の上に実がついている。上方に枝を伸ばし縦長の樹形になる（10/23 愛媛・石鎚山）

トチノキ 栃木、橡

学名：Aesculus turbinata
中国名：日本七葉樹
●ムクロジ科トチノキ属
●落葉高木（10～30ｍ）
●北海道～九州

鋸歯は鈍くて小さい

×0.3

小葉はふつう７枚で長さ20～40㎝。小葉柄はない

種子

実

径３～５㎝で中に１～２個の種子が入る

×0.7

(解説)冷涼な山地の谷沿いに生え、幹は径１ｍを超える立派な大木になる。葉も大型で、小葉が１カ所から放射状につく様子がホオノキと似るが、本種は掌状複葉で鋸歯があることが違い。秋は濃い黄色から次第に褐色に染まる褐葉のタイプで、大きな果実が落ちて裂ける。種子はほぼ円形でクリに似て、アクを抜いて栃餅などにして食べられる。都市部の街路や公園にも植えられる。

花 白色で初夏に咲き、キャンドル状の大きな花序に多数つく（5/17東京・世田谷）

樹皮

若い幹（円内）は浅く縦に裂け、老木ほど樹皮がはがれて独特の波模様が入る

紅葉

山間の河原で褐葉したトチノキ（11/6富山・片貝川）

●若葉が芽吹くまで

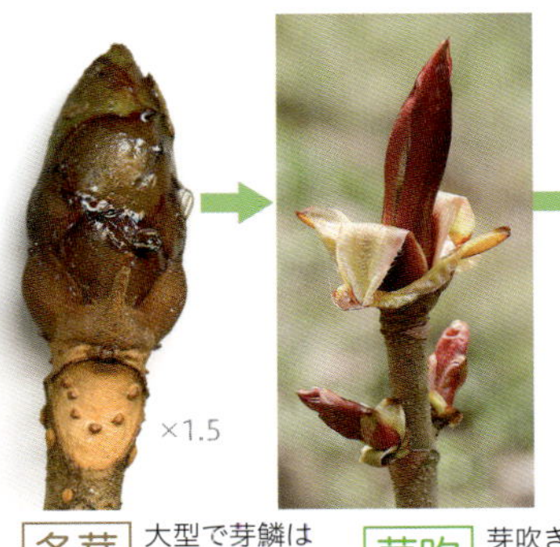
×1.5

冬芽　大型で芽鱗は粘液を出す

芽吹　芽吹きは赤褐色を帯び、葉裏に毛が多く生える（4/15 神奈川）

若葉　葉は次第に黄緑色になる。葉柄の基部にピンク色の苞が残っている（4/17 広島）

●褐葉の色の変化

序盤　緑色から黄色に染まり始める（11/8 広島）

中盤　一部が褐色化した葉がすぐ増えてくる（11/8 広島）

終盤　大半の葉が褐色化してくる（11/15 神奈川）

類似種

ベニバナトチノキ 紅花栃木

学名：A. ×carnea（カルネア）

●落葉小高木（4～12m）（解説）ヨーロッパ原産のセイヨウトチノキ（マロニエ）と、北米原産のアカバナトチノキの雑種で、全体に小型なので街路や庭によく植えられる。

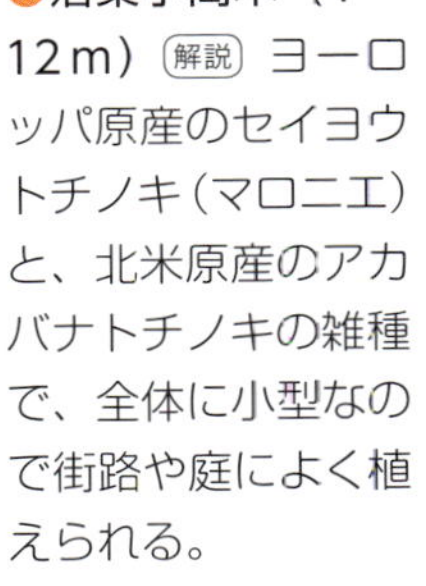

花　花は紅紫色（5/17 東京）

ベニバナトチノキは粗い重鋸歯がある。小葉はふつう5枚
紅葉は濃い黄～褐色
×0.3

樹木クイズ

秋の果物ではないのは？

あらゆる食材がスーパーで手に入る現在。果物も、ハウス栽培や輸入品、保存方法の進歩でさまざまな季節に売られていますが、やはり旬のものは美味で、安く多く出回ります。では、以下の９種類の果物のうち、秋が本来の旬ではない果物はどれでしょう？　ヒントは５種類が秋、３種類は夏、１種類は夏～秋の果物です。

（答えは191ページ）

イチジク 無花果
（クワ科イチジク属）

キウイ 鬼木天蓼
（マタタビ科マタタビ属）

サクランボ 桜桃
（バラ科サクラ属）

ナシ 梨
（バラ科ナシ属）

ビワ 枇杷
（バラ科ビワ属）

ブドウ 葡萄
（ブドウ科ブドウ属）

ミカン 蜜柑
（ミカン科ミカン属）

モモ 桃
（バラ科スモモ属）

リンゴ 林檎
（バラ科リンゴ属）

Evergreen Broad Leaved Trees

常緑広葉樹

常に緑色の葉をモコモコとつける常緑広葉樹。
彼らにとっても秋は実りの季節。
赤や黒の液果、あるいはどんぐりをつける木が多く、
落葉樹に多い風で飛ばされる果実は少数です。
言い換えればそれは、冬も活動する鳥や獣にとって、
豊かな恵みがあることを意味します。

低山に広がるシイ・カシ林と、イロハモミジやケヤキの紅葉（11/26 大阪・箕面山）

アラカシ 粗樫

学名：Quercus glauca
中国名：青岡、青剛櫟
●ブナ科コナラ属
●常緑高木（5～20ｍ）
●東北南部～沖縄

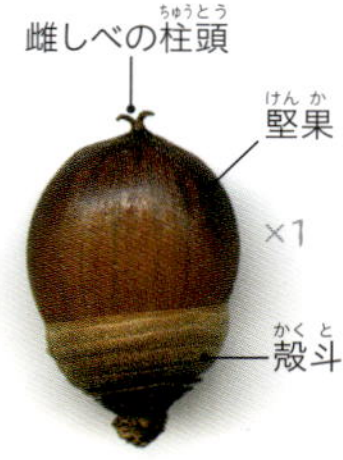
雌しべの柱頭
堅果
×1
殻斗

実 どんぐりは長さ1.5～2.5㎝で先広の形。大小や模様に変異が多い

先半分に粗い
鋸歯がある
ウラ
裏は銀灰色で
少し毛がある
×0.8

解説 カシ類（コナラ属の常緑樹）の代表種で、葉は楕円形で先半分に粗いギザギザがある。低地や暖地の山地に広く生え、時に公園や生垣、庭にも植えられる。ただし、関東ローム層が広がる関東平野では少なく、よく似たシラカシのほうが圧倒的に多い。カシ類は日本の常緑広葉樹林を構成する主要種で、春に穂状の花をつけ、秋に熟す果実（堅果）＝どんぐりは、お碗（殻斗）に横すじ模様があることが共通の特徴。

樹形 公園に植えられたアラカシ。遠目にはシラカシと区別がつかない（1/18 広島・廿日市）

樹皮 暗い灰色で薄く縦すじが入り、しばしば砂粒状にざらつく。シラカシも同様

若い実 まだ緑色のどんぐりをつけた木。葉の広狭はかなり個体差がある（9/30 長崎・佐世保）

●葉が芽吹くまで

冬芽
多くの芽鱗に包まれる

芽吹 サクラが咲く頃に勢いよく芽吹く（3/31 宮崎）

若葉 若葉は赤紫色を帯びる（4/13 山口・周防大島）

●花から果実へ

雌花
雄花

花 雄花は黄緑色で長さ10cm前後の花序につく（4/26 山口）

雌花 小型で上向きにつく。雌しべの先（柱頭）はどんぐりにも残る

若い実 どんぐりがふくらみ始める（7/31 神奈川）

実 10～2月頃に熟し、春まで枝に残っていることもある（11/27 神奈川）

類似種

シラカシ 白樫

学名：Q. myrsinifolia（ミルシニフォリア） 　中国名：小葉青岡
●常緑高木（7～25m）●東北南部～九州

解説 アラカシより葉が細く、鋸歯は低い。低地～山地に点在し、関東平野に特に多い。街路や公園にもよく植えられる。名は材が白っぽいため。10～11月にどんぐりが熟す。

樹形 街路樹のシラカシ。剪定されているので枝葉が少ない（7/5 東京・新宿）

鋸歯は低く鈍い
×0.8
雌しべの基部が台座状にふくらむ
堅果
×1
殻斗
裏は淡緑色で無毛
ウラ

実 シラカシのどんぐり（10/30 東京）

実 長さ1.3～2cmで小ぶり。中央部が幅広い

ウラジロガシ 裏白樫

学名：Quercus salicina（クエルクス サリキナ） ●ブナ科コナラ属 ●常緑高木（10～25ｍ） ●東北南部～沖縄 解説 葉はシラカシと似るが、裏がロウ質に覆われて白く、特に落ち葉で白さが目立つ。また、ふちが波打ち、鋸歯はより鋭い。低地～山地に多く生え、植えられることはまれ。どんぐりは長さ1.8～2.4㎝で、開花した翌年の秋に褐色に熟す。

落ち葉のウラ
×0.5

若い実 お碗に短毛が密生（9/14 茨城）

イチイガシ 一位樫

学名：Quercus gilva（クエルクス ギルウァ） 中国名：赤皮 ●ブナ科コナラ属 ●常緑高木（10～25ｍ） ●関東南部～九州 解説 九州など暖地に多いカシ。葉は先広で細長く、葉裏や葉柄、若枝に褐色の毛が密生するので見分けられる。秋に熟すどんぐりも毛深く、てっぺんやお碗は褐色の毛をかぶる。樹皮は白っぽく、割れてはがれる。

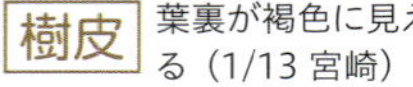

樹皮 葉裏が褐色に見える（1/13 宮崎）

×0.5
ウラ
×1
殻斗は有毛

実

ウバメガシ 姥目樫

学名：Quercus phillyreoides（クエルクス フィリレオイデス） 中国名：烏岡櫟 ●ブナ科コナラ属 ●常緑小高木（1～10ｍ） ●関東南部～沖縄 解説 カシ類最小の葉が枝先に集まってつき、よく生垣や庭木にされる。秋に熟すどんぐりのお碗は、カシ類では例外的に網目模様があり、分類上はナラ類に近縁。野生の個体は海岸近くの乾いた林や岩場などに群生する。

×0.6
網目模様がある
×1
裏の葉脈は目立たない
ウラ×1

実 どんぐりは翌年の秋に熟す

樹形 ウバメガシの生垣は多いが、頻繁に剪定されるので結実は期待しにくい（12/7 東京・大手町）

花 春に短い雄花の穂を垂らす（4/30 山口）

樹皮 ナラ類に似て縦に裂ける

シイ類 椎

学名：Castanopsis spp.（カスタノプシス）
中国名：柯、錐栗（※属名）
●ブナ科シイ属
●常緑高木（10～25m）
●東北南部～沖縄

熟すと殻斗（かくと）がしばしばむける
×1
×1

実 長さ1.2～2cmの楕円形

▼▶スダジイ
学名：C. sieboldii
別名：イタジイ

×0.5
ウラ
両種とも葉裏が金色を帯び、鈍い鋸歯のある葉とない葉が混在する
小枝は太い
×0.5
葉はスダジイより薄い
殻斗
×1
小枝は細い
殻を取ったところ

実 長さ0.6～1.3cmで球形に近い

◀▲ツブラジイ
学名：C. cuspidata
別名：コジイ

解説 カシ類とともに暖地の林を構成する主要種で、スダジイとツブラジイ（主に中部地方～九州に分布）の2種があり、果実や樹皮、葉が異なるが、両者の雑種も多く、時に区別しにくい。いずれも5月前後にクリーム色の花を樹冠いっぱいにつけ、翌年の9～12月頃にどんぐり状の果実が熟して落ちる。これをシイの実と呼び、中の種子は生で食べられ、クリの味がしておいしい。

花 ツブラジイ。穂状の雄花が目立ち特有の匂いを放つ（5/19 山口）

若い実 スダジイ。殻斗に完全に覆われる（8/29 東京）

樹皮 スダジイの樹皮は縦に裂ける

樹皮 ツブラジイの樹皮は平滑

樹形 晩秋のツブラジイ。シイ類は樹冠を見上げると葉裏の色で金色ぽく見える（12/7 静岡・浜名湖）

ピラカンサ類 Pyracantha

学名：Pyracantha spp.　中国名：火棘　●バラ科トキワサンザシ属　●常緑低木（2～4ｍ）●中国～西アジア原産（各地で植栽）［解説］トキワサンザシ、カザンデマリ（ヒマラヤトキワサンザシ）、タチバナモドキの主に3種の総称で、雑種も多くタチバナモドキ以外は区別しにくい。秋は赤～オレンジ色の果実をびっしりつけよく目立つ。

◀カザンデマリ。
鋸歯縁で裏は無毛
ウラ
×0.6
枝先はトゲ
ウラ
×1
▲タチバナモドキ。全縁で葉裏は有毛

実　カザンデマリやトキワサンザシは赤～赤橙色

実　不ぞろいの樹形で果実を多数つける。冬になって鳥が食べ始める（11/3 神奈川・秦野）

実　タチバナモドキの果実は橙色（12/22 山口）

花　初夏に白花をつける（5/12 山口）

シャリンバイ 車輪梅

学名：Rhaphiolepis indica　中国名：石斑木　●バラ科シャリンバイ属　●常緑低木（0.5～4ｍ）●東北南部～沖縄　［解説］枝先に葉を車輪状につけ、初夏に咲く花はウメに似る。葉はウバメガシなどに似るが、裏の葉脈の網目が鮮明なことが特徴。時に全緑の葉もある。秋に果実は赤褐色をへて黒紫色に熟し、古い葉は赤く紅葉して落ちる。

×0.6
ウラ

紅葉（11/4 沖縄）

実　果実は可食（12/1 山口）

ビワ 枇杷

学名：Eriobotrya japonica　中国名：枇杷　●バラ科ビワ属　●常緑小高木（3～10ｍ）●中国原産（本州以南で栽培・野生化）

［解説］果樹として暖地で畑や庭で栽培され、林内に野生化もしている。秋～冬に開花する数少ない木で、11～1月に白花をつけ、ハエやメジロが訪れる。果実は5～6月に黄橙色に熟す。葉は大型でごわごわした印象。

花　がくは褐色の毛に覆われる（11/29 大分）

葉は長さ
15～25㎝
×0.2
裏は褐色の
綿毛が密生

カナメモチ 要黐

学名：*Photinia glabra*　別名：アカメモチ（赤芽黐）中国名：光葉石楠　●バラ科カナメモチ属　●常緑小高木（3～10m）●東海～九州（本州以西で植栽）解説 低山に生え、葉は先広で細く、若葉は赤みを帯びる。秋は赤い果実が熟す。オオカナメモチとの雑種の栽培品種‘レッドロビン’が生垣用に多く植栽され、若葉はまっ赤で鮮やか。

若葉

◀レッドロビン
長さ7～15㎝

×0.4

◀カナメモチ
長さ6～12㎝

実　果実は長さ1㎝弱（1/2 山口）

バクチノキ 博打木

学名：*Laurocerasus zippeliana*　別名：ビランジュ（毘蘭樹）中国名：大葉桂樱、黄土樹　●バラ科バクチノキ属　●常緑高木（7～15m）●関東南部～沖縄　解説 樹皮がはがれて赤橙色になる様子を、博打で負けて追いはぎにあった姿に見立てた。サクラと近縁で葉は大型。9～10月に穂状に白花を咲かせ、果実は初夏に赤紫色に熟す。

葉柄に蜜腺がある。葉は長さ10～17㎝

×0.4

花　秋に咲く（9/29 神奈川）

樹皮

ホルトノキ

学名：*Elaeocarpus zollingeri*　別名：モガシ（茂樫）中国名：杜英　●ホルトノキ科ホルトノキ属　●常緑高木（10～25m）●関東南部～沖縄　解説 細い葉が枝先に集まりヤマモモに似るが、鋸歯があり、赤く紅葉した古い葉が一年中ちらほら見られることが特徴。紅葉のピークは初夏。晩秋～冬にオリーブに似た2㎝前後の果実がつく。

×0.5

紅葉

実　果実は熟すと黒紫色になる（1/10 広島）

サネカズラ 実葛

学名：*Kadsura japonica*　別名：ビナンカズラ（美男葛）中国名：日本南五味子　●マツブサ科サネカズラ属　●常緑つる植物（2～10m）●東北南部～沖縄　解説 秋に赤い実をぶら下げ、鳥が食べると丸い芯が残る。常緑樹だが、秋～冬に葉が鮮やかな紅色に紅葉することがある。別名は、樹皮の粘液からちょんまげの整髪料を作ったため。

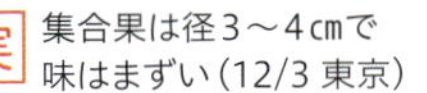

実　集合果は径3～4㎝で味はまずい（12/3 東京）

鋸歯は低くまばら

×0.4

紅葉

ヤブツバキ 藪椿

学名：Camellia japonica（カメリア ヤポニカ）　別名：ツバキ　中国名：日本山茶 ●ツバキ科ツバキ属 ●常緑小高木（3～10m）●本州～沖縄

解説 暖地の林に生え、栽培品種が多く庭や公園に植えられる。花の盛りは2～4月だが、11月頃からちらほら咲く。果実は夏に赤く色づき、秋に裂けて褐色になる。サザンカとの雑種で葉が小ぶりなカンツバキもよく植栽され、晩秋～冬に花が咲く。

葉は長さ6～11㎝で厚く硬い
径3～6㎝前後
若い実
×0.6

花 ヤブツバキの花は赤く半開き状。日本海側に分布するユキツバキの花は平開する（12/25 山口・光）

実 3～4裂し種子を落とす（12/31 広島）

花 カンツバキは八重咲きで平開（11/17神奈川）

サザンカ 山茶花

学名：Camellia sasanqua（カメリア ササンクア）　中国名：茶梅 ●ツバキ科ツバキ属 ●常緑小高木（2～7m）●山口・四国・九州・沖縄（本州以南で植栽）

解説 ツバキに似るが葉や果実は半分以下の大きさで、花は10～12月頃咲き、花びらは1枚ずつ散ることが違い。原種の花は白だが、栽培品種が多く、ピンクや八重咲き、春咲きも多い。

先は少し凹む
枝や葉柄は有毛
×0.6
×0.8
実
秋に熟して裂ける

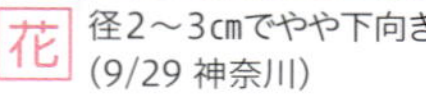

花 径5～8㎝で花びらは開く（12/5 名古屋）

チャノキ 茶木

学名：Camellia sinensis（カメリア シネンシス）　中国名：茶 ●ツバキ科ツバキ属 ●常緑低木（1～2m）●中国原産（本州以南で植栽・野生化）

解説 茶畑で栽培されるほか、生垣や庭木にも植えられ、暖地の林内に野生化もしている。10～12月に白花が咲き、前年の果実も秋に熟して裂ける。葉は長さ5～9㎝で葉脈が凹む。

先は少し凹む
×0.6
×0.8
実
径1.5～2㎝

花 径2～3㎝でやや下向き（9/29 神奈川）

ヒサカキ 柃、姫榊

学名：Eurya japonica　中国名：柃木　●サカキ科ヒサカキ属　●常緑小高木（2～8m）●本州～沖縄　解説 サカキより葉が小さいので姫の名がつくともいわれる。山野に広く生え、神社や庭、生垣にも植えられる。サカキが少ない東日本では、ヒサカキの枝葉を神前に供えることが多い。雌株は秋に果実が黒く熟す。花期は春。

先は少し凹む
×0.6
ウラ
葉脈の網目が目立つ
×1

実 径5㎜前後で多数つく（11/9 神奈川）

ハマヒサカキ 浜柃、浜姫榊

学名：Eurya emarginata　中国名：濱柃、凹葉柃木　●サカキ科ヒサカキ属　●常緑低木（0.5～7m）●関東南部～沖縄　解説 暖地の海岸林に生え、生垣や街路樹にされる。ヒサカキに似るが、葉が先広の卵形で葉脈が凹んで目立つ。11～12月頃に、クリーム色の花と赤紫～黒色の果実（雌株）が同時に見られる。

先は少し凹む
×0.6

雄花 径5㎜で鐘形（12/25 山口）

実 径6～7㎜（12/25 山口）

アセビ 馬酔木

学名：Pieris japonica　別名：アセボ　中国名：馬酔木　●ツツジ科アセビ属　●常緑低木（1～5m）●東北南部～九州　解説 低地～山地の尾根に生え、庭や公園に植えられる。2～4月に壺形の白花が咲き、秋に果実が褐色に熟す。葉は枝先に集まり、細かい鋸歯がある。有毒成分を含み、馬が食べると酔ったようにふらつくという。

ウラ
×0.6
5裂する
実
×1

実 花 果実が残っている（3/31 広島）

イチゴノキ 苺木

学名：Arbutus unedo　中国名：欧洲草苺樹　●ツツジ科イチゴノキ属　●常緑低木（1～4m）●ヨーロッパ原産（各地で植栽）解説 10～12月にアセビに似た白花が咲くとともに、前年の果実が黄橙色から赤色へと熟し、キイチゴに似て食べられる。葉はシャリンバイを細くした印象。近年庭木に増えてきた。

×0.6

花 葉は枝先に集まる（12/3 東京）

実（10/26 京都）

シャシャンボ 小小坊

学名：Vaccinium bracteatum（ヴァッキニウム ブラクテアツム） 中国名：南燭、米飯花 ●ツツジ科スノキ属 ●常緑小高木（3～7m）●関東南部～沖縄 解説 暖地の尾根や乾いた林に生え、西日本では庭木にされる。ブルーベリーと同じ属で、秋に黒～黒紫色の果実が熟して食べられる。名は「小さな実」を意味するといわれる。花は白い壺形で初夏に咲く。

葉は長さ
4～8㎝
×0.7
がくが花形に残る
葉柄は短い
×1

実 径0.5～1㎝で甘ずっぱい（12/29 岐阜）

イヌツゲ 犬黄楊、犬柘植

学名：Ilex crenata（イレクス クレナタ） 中国名：齒葉冬青 ●モチノキ科モチノキ属 ●常緑小高木（1～7m）●北海道～九州 解説 低地～山地の林にふつうに生え、さまざまな形に刈り込んで庭木や生垣にされる。よく似たツゲと混同されがちだが、葉は互生で鋸歯があり、雌株は秋に黒い実がつく。葉が丸く反り返る栽培品種のマメツゲもよく植えられる。

果実は径7㎜前後でまずい（9/22 島根） 実

葉は長さ1～4㎝
×0.6

▶マメツゲ
×1

タラヨウ 多羅葉

学名：Ilex latifolia（イレクス ラティフォリア） 中国名：大葉冬青 ●モチノキ科モチノキ属 ●常緑小高木（3～12m）●東海～九州（本州以南で植栽） 解説 長さ12～20㎝の大きな葉の裏に、棒で傷つけると字が書けるので、お経（きょう）を書いたインドの多羅樹（たらじゅ）に見立て、お寺に植えられる。近年は「葉書（はがき）の木」として郵便局にもよく植えられている。野生品は少ない。

鋸歯はノコギリのように鋭い
×0.3
×1

実 雌株は秋に赤い実をつける（12/3 広島）

ヒイラギモチ 柊黐

学名：Ilex cornuta（イレクス コルヌタ） 別名：チャイニーズホーリー（Chinese holly）、シナヒイラギ（支那柊） 中国名：構骨 ●モチノキ科モチノキ属 ●常緑小高木（1～4m）●中国原産（本州以南で植栽） 解説 秋～冬に赤い実がなり、クリスマス飾りとして鉢植えにされたり、庭木や生垣にされる。トゲのある角張った葉形が特徴だが、老木の葉は丸くなる。

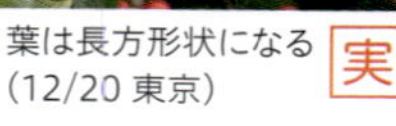

葉は長方形状になる（12/20 東京） 実

鋸歯は針状
×0.6
×1

ナナミノキ 七実木

学名：Ilex chinensis（イレクス チネンシス） 　別名：ナナメノキ（斜木）中国名：冬青　●モチノキ科モチノキ属　●常緑小高木（3～12m）●東海～九州　解説 葉はカシ類に似て、雌株は秋に赤い実がつく。名の由来は、実が美しくて多数つくので「七実」、やや長いので「長実」、材が斜めに割れるので「斜め」などの諸説がある。西日本の低山に点々と生える。

葉は長さ
7～13cm
×0.4

実 径6㎜前後
(11/29 大分)

イズセンリョウ 伊豆千両

学名：Maesa japonica　中国名：杜茎山、山桂花　●サクラソウ科イズセンリョウ属　●常緑低木（0.5～1.5m）●関東～沖縄　解説 暖地の常緑樹林内に生え、時に群生する。植えられることはまれ。多数の細い幹を斜めに長く伸ばす樹形で、雌株は晩秋～冬に白い実をつけて目を引く。葉は長さ7～15cmで、アラカシの葉に似る。

実 果実は径約6㎜
(12/4 千葉)

葉の先半分
に鋸歯がある
×0.4
×1
実

マンリョウ 万両

学名：Ardisia crenata（アルディシア クレナタ） 　中国名：珠砂根、朱砂根　●サクラソウ科ヤブコウジ属　●常緑低木（0.5～2m）●関東～沖縄　解説 ひょろっと立ち上がった細い幹の上に、葉が丸く集まってつく樹形が特徴で、秋～春にかけて赤い実を多数ぶら下げる。庭木によく植えられ、暖地の林内にも生える。名はセンリョウ（千両）より実が多いため。

波状の鋸歯
がある
×0.4
×1
実

実 葉の下に果実をつける
(12/16 神奈川)

カラタチバナ 唐橘

学名：Ardisia crispa（アルディシア クリスパ） 　別名：ヒャクリョウ（百両）中国名：百両金　●サクラソウ科ヤブコウジ属　●常緑低木（0.2～0.5m）●東北南部～沖縄　解説 暖地の林内に時に生える小さな木で、秋～冬に赤いを見つけるので、お正月用の鉢植えや庭木にされる。白実や黄実の品種もある。中国名の百両金にならって、百両の名もある。

果実は10個前後ずつつく（12/31 山口）実

ふちは小さ
な粒が並び、
ほぼ全縁
×0.4
×1

マテバシイ 馬刀葉椎、全手葉椎

学名：Lithocarpus edulis（リトカルプス エドゥリス）

中国名：日本石柯

●ブナ科マテバシイ属

●常緑高木（5〜15m）

●九州〜沖縄
（主に関東以西で
植栽・野生化）

ウラ×0.4
裏は金色を帯びる。
長さ10〜20cmで
先のほうが広い
×1
殻斗（かくと）
成長しなかった実
実
どんぐりは長さ2〜3.2cm。大小の変異が多い

(解説) 都市部の公園や街路などによく植えられており、秋に落ちるどんぐりは背高のっぽで、生食もできる。本来の自生は九州以南で尾根などに生えるが、本州や四国でも薪炭用に植林されたものがある。葉は大型でタブノキに似るが、裏が金色を帯びる。花は6月頃に咲き、樹冠がクリーム色に染まってよく目立つ。秋にも少数咲くことがあり、同属のシリブカガシは完全な秋咲き。

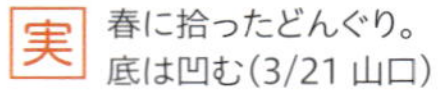

実 春に拾ったどんぐり。底は凹む（3/21 山口）

花 初夏に穂状につく。雄花が乳白色で目立つ（6/7 山口）

樹形 樹冠はこんもり丸くなる。樹皮は縦すじが入る（7/2 山口・防府）

樹皮

若い実 どんぐりは開花した翌年の秋に熟す。葉は枝先に集まる（8/27 広島・大竹）

類似種

シリブカガシ 尻深樫

学名：L. glaber（グラベル） ●ブナ科マテバシイ属 ●東海〜九州 (解説) 低山に時に生え、マテバシイより葉もどんぐりも短い。秋に花とどんぐりがなる。名はどんぐりの底が凹むため。

花 9〜10月に咲く（9/26 広島）

葉は長さ8〜14cm
×0.4
×1
実
長さ1.5〜2cm

アカガシ 赤樫

学名：Quercus acuta（クエルクス アクタ） ●ブナ科コナラ属 ●常緑高木（10～20m）●東北南部～九州 解説 カシ類最大の葉をもち、材が赤いことが名の由来。山地の尾根などに生えるが、多くはない。初夏に開花し、翌年秋にどんぐりが熟す。近縁種に葉が細くて先に微鋸歯のあるツクバネガシがあり、両者の雑種オオツクバネガシもしばしば見られる。

鋸歯はない
×0.4
ウラ×1
裏も光沢のある緑色
×1
葉柄は3cm前後で長い

実 どんぐりは長さ2cm前後。殻斗に毛が密生する

実 熟す直前のどんぐり。カシ類の中では大型のどんぐりになる（9/29 神奈川・小田原）

若い実 殻斗に毛が目立つ（9/14 茨城）

樹皮 やや赤く鱗状にはがれる（6/7 山口）

ユズリハ 譲葉

学名：Daphniphyllum macropodum（ダフニフィルム マクロポドゥム） 中国名：薄葉虎皮楠、交譲木 ●ユズリハ科ユズリハ属 ●常緑小高木（3～10m）●北海道～九州 解説 春に若葉が出る時、古い葉が黄葉して垂れ下がる様子を、世代を譲る様子に見立て、縁起木として庭木にされる。秋も少ないが黄葉が見られる。低山に自生し、海辺には葉がやや小さい別種のヒメユズリハが自生する。

紅葉
葉は長さ10～22cm
×0.3
葉柄は太く赤みを帯びる
葉柄は細い
▲ヒメユズリハ
長さ6～20cm

実 雌雄異株で、雌株は秋に黒紫色の果実をつける。果序は垂れる（10/30 東京・北の丸公園）

紅葉 ユズリハの黄葉（12/5 名古屋）

実 ヒメユズリハの果序は上向き（12/3 山口）

クスノキ 樟、楠

学名：Cinnamomum camphora（キンナモムム カンフォラ）
中国名：樟樹
●クスノキ科クスノキ属
●常緑高木（10～35ｍ）
●関東～沖縄

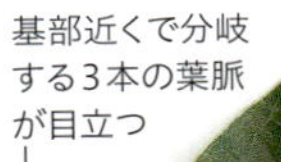

基部近くで分岐する3本の葉脈が目立つ

葉は長さ6～11㎝。ちぎるとツンとした樟脳の香りがある

裏は白みを帯びる

×0.7

側脈の分岐点にダニ部屋があり、中にダニがすんでいる

×3

×0.7

紅葉

果托（かたく）

×1

実 径1㎝弱。果托と呼ばれる緑色の受け皿がクスノキ科の特徴

解説 日本有数の大木になる木で、神社に古木が多く、街路や公園にもよく植えられる。常緑樹だが古い葉はまっ赤に紅葉し、特に多くの葉が入れ替わる春は、紅葉した葉が多数落ちる。秋の紅葉は少ないが、黒く熟した果実が見られる。本来の自生地は九州の低山で、かつて材から樟脳（しょうのう）（カンフル）を採るために関東以西の暖地で植林され、現在は各地で野生化している。

実 秋～冬に見られる（1/10 広島）

紅葉 紅葉した古い葉（11/20 神奈川）

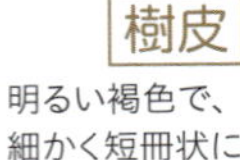

樹皮 明るい褐色で、細かく短冊状に裂ける

樹形 枝を力強く広げてモコモコした樹冠をつくる（12/17 神奈川・小田原城址公園）

●冬芽から芽吹き・開花・結実まで

×1

冬芽 赤みを帯びた芽鱗に包まれる

芽吹 新芽は赤みを帯びる（4/4 神奈川）

若葉 **蕾** **紅葉** 若葉と花序が出ると同時に、古い葉が紅葉する（4/12 愛知）

落葉 樹下に赤い落ち葉がたまる

若葉 若葉は黄緑色に落ち着き、古い葉はすべて落葉した（5/4 静岡）

花 初夏に黄白色の小さな花が咲く（5/14 山口）×2

若い実 夏に果実が大きくなる（8/11 沖縄）

実 秋に果実が黒く熟し、冬芽も完成する（12/25 山口）

類似種

ヤブニッケイ 藪肉桂

学名：C. yabunikkei（ヤブニッケイ）　中国名：天竺桂　●クスノキ科クスノキ属　●常緑高木（5～20m）　●東北南部～沖縄　解説 クスノキやシロダモに似るが、葉が枝先に集まらず、対生と互生が交じる。葉をちぎるとシナモンやニッケイに似た香りがあり、樹皮は平滑。秋にクスノキに似た黒い実が熟す。

×0.6

3本の葉脈が目立つ。クスノキのようなダニ部屋はない

葉は無毛で裏はやや白い　ウラ

シロダモ 白桝

学名：Neolitsea sericea（ネオリトセア セリケア） 　中国名：白新木薑子　●クスノキ科シロダモ属　●常緑高木（5～35ｍ）●本州～沖縄　解説 低地の常緑樹林によく生える。秋に赤い実と淡黄色の花が同時に見られるので目を引く。葉の裏は特に白く、春の若葉は金～白色の毛をかぶってよく目立つ。樹皮は平滑。

×0.4
葉は長さ8～17㎝でクスノキより大きい
3本の葉脈が目立つ
×1
ウラ
裏は白く、やや有毛

実 長さ1～1.5㎝

雌花 実 雌雄異株で雌株は雌花と果実が同時につく。葉は枝先に集まる（11/4広島・宮島）

雄花 黄色で枝に密生する（10/31宮城）

実 珍しい品種キミノシロダモ（2/14沖縄）

シキミ 樒、梻

学名：Illicium anisatum（イリキウム アニサツム） 　中国名：東毒茴、毒八角　●マツブサ科シキミ属　●常緑小高木（2～7ｍ）●東北南部～沖縄　解説 秋に熟す実は香辛料の八角（トウシキミ）に似るが、有毒で食べられず、「悪しき実」が名の由来。山地の林に生え、仏前に供えるため墓地や社寺に植えられる。葉はモチノキに似ており、枝葉は抹香の原料にされる。

ちぎると甘い芳香がある
×0.4
×0.5

実 裂けてオレンジ色の種子を出す。有毒

実 袋果が8個集まった集合果（10/27 滋賀）

ミヤマシキミ 深山樒

学名：Skimmia japonica（スキミア ヤポニカ） 　中国名：茵芋（※属名）●ミカン科ミヤマシキミ属　●常緑低木（0.3～1.5ｍ）●北海道～沖縄　解説 シキミとは別の仲間だが、有毒植物で、モチノキ似の葉に芳香がある点でよく似ている。秋に赤い果実が熟し、春まで残ることも多い。山地の林内に生え、多雪地の丈が低いものはツルシキミと呼ばれる。時に庭木。

葉が集まった枝先に実がつく（10/14 大阪）実

ちぎると柑橘系の香りがある
×0.4
×1

径1㎝弱。有毒

トベラ 扉

学名：Pittosporum tobira　中国名：海桐 ●トベラ科トベラ属 ●常緑低木（1～4m）●東北南部～沖縄 解説 海岸林や岩場に生える木で、公園や庭にも植えられる。葉はヘラ形で枝先に集まり、枝葉をちぎるとやや悪臭があることから、鬼よけとして節分の日に扉に飾ったことが名の由来。晩秋に径2㎝弱の果実が淡黄色に熟す。

×0.5
ウラ
日なたは葉はふちが反り返ることが多い

実 裂けて朱赤色の粘る種子を出す（12/7 東京）

ツルグミ 蔓茱萸

学名：Elaeagnus glabra　中国名：蔓胡頽子、藤胡頽子 ●グミ科グミ属 ●常緑つる植物（2～10m）●東北南部～沖縄 解説 低地～山地の林によく生え、ほかの木に枝を絡ませて登る。秋に花をぶら下げ、晩春に赤い果実をつける。同じく常緑樹で、葉の丸いマルバグミ、葉のふちが細かく波打つナワシログミも秋に花が咲く。

ウラ×0.5
裏はフケ状の毛が密生し金色。マルバグミは銀色、ナワシログミは白い
花 白～淡褐色（11/29 沖縄）

サカキ 榊

学名：Cleyera japonica　別名：ホンサカキ（本榊）　中国名：紅淡比 ●サカキ科サカキ属 ●常緑小高木（3～10m）●関東～沖縄 解説 神事に枝葉を使う神聖な木として、神社や神社林によく植えられ、暖地の低山にも生える。ヒサカキと混同されるが、本種の方が葉が2倍程度大きく、鋸歯はない。秋は黒い果実が熟す。

枝先の冬芽はカマ形で長い
×0.5
×1
雌しべの先が長く残る

実 果実。古い葉は黄葉している（10/31 宮城）

モッコク 木斛

学名：Ternstroemia gymnanthera　中国名：厚皮香 ●サカキ科モッコク属 ●常緑小高木（3～12m）●関東南部～沖縄 解説 庭木の王様とも呼ばれてよく植栽され、暖地の林にも生える。秋は果実が赤く色づき、後に茶色くなり裂ける。葉はヘラ形で柄が赤く、枝先に集まる。古い葉は赤く紅葉し、冬は若い葉がまっ赤になることもある。

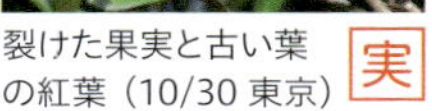
裂けた果実と古い葉の紅葉（10/30 東京）実

紅葉
×0.5
×1
葉柄は赤い

モチノキ 黐木

学名：Ilex integra（イレクス インテグラ） 　中国名：全縁冬青　●モチノキ科モチノキ属　●常緑高木（3～15ｍ）●東北南部～沖縄　解説 海岸～低山の林内に生え、特に関東地方に多く、庭や公園にもよく植えられる。雌株は11～12月に赤い実が熟し、春まで残ることもある。葉はのっぺりした質感の楕円形。樹皮から鳥もちを作ったことが名の由来。

実 味はほとんどなく、鳥もあまり食べないので長く残る。モチノキ科は雌雄異株（11/26 沖縄・県民の森）

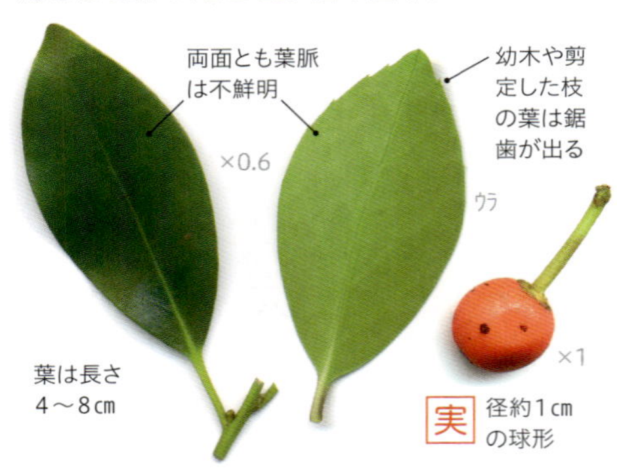
両面とも葉脈は不鮮明
×0.6
幼木や剪定した枝の葉は鋸歯が出る
ウラ
×1
葉は長さ4～8㎝

実 径約1㎝の球形

雄花 淡黄色で春に咲く（3/14 横浜）

樹皮 モチノキ類の幹は白っぽく平滑

クロガネモチ 黒鉄黐

学名：Ilex rotunda（イレクス ロツンダ） 　中国名：鐵冬青　●モチノキ科モチノキ属　●常緑高木（3～15ｍ）●関東～沖縄　解説 西日本に多く、庭や街路、公園、低地の林によく見られる。11～12月に熟す果実はモチノキより小さく数が多い。果実が黄色い品種キミノクロガネモチもまれにある。葉はモチノキより広く、黄葉して冬に大半が落ちることもある。

×0.6
径約6㎜
×1

葉柄や枝は黒紫色を帯びる

実 春まで残ることも多い（12/7 東京）

ソヨゴ 冬青

学名：Ilex pedunculosa（イレクス ペドゥンクロサ） 　中国名：具柄冬青　●モチノキ科モチノキ属　●常緑小高木（3～7ｍ）●中部地方～九州　解説 乾いた尾根や山地のアカマツ林に生え、時に庭木にされる。秋に赤い実が熟し、長い柄にぶら下がり、古い葉は黄葉する。黄色い実の品種キミノソヨゴもまれにある。名は葉が風にそよぐ様子から。

ふちはやや波打つ
×0.6

紅葉（10/15 長野）　実 径約8㎜で柄は4㎝前後（11/13 山梨）

イスノキ 柞、蚊母樹

学名：Distylium racemosum（ディスティリウム ラケモスム） 中国名：蚊母樹 ●マンサク科イスノキ属 ●常緑高木（5～20m）●東海～沖縄 解説 南日本の山地に多く、生垣や防風林にされる。枝葉にアブラムシなどが寄生し、大小の虫こぶがよくつくことが特徴で、虫こぶごとに「～フシ」という名前がある。秋～冬はアブラムシが脱出して空になった虫こぶが多い。葉はモチノキに似るが、裏は葉脈が見える。

×0.7
葉脈が見える
ウラ
時に鋸歯が出る
虫こぶ（イスノキハタマフシ）の残骸
×1
実 褐色の毛が密生
アブラムシが脱出した穴
虫こぶ イスノキエダオオナガタマフシ
×1

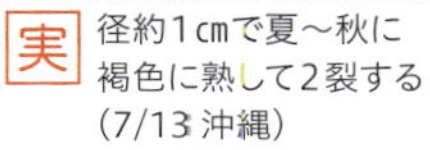

実 径約1cmで夏～秋に褐色に熟して2裂する（7/13 沖縄）

虫こぶ 緑色のイスノキエダコタマフシ（9/29 佐賀）

虫こぶ 8cm前後になるイスノキエダチャイロオオタマフシ（12/29 山口）

ユズ 柚子

学名：Citrus junos（キトルス ユノス） 中国名：香橙 ●ミカン科ミカン属 ●常緑小高木（2～7m）●中国原産（本州以南で植栽・野生化） 解説 庭や畑で栽培され、時に林内に野生化している。果実は酢や香料に使われ、晩秋～冬に黄色く熟す。葉柄に広い翼（よく）がつくことや、枝に長い刺があることが特徴。ほかの柑橘（かんきつ）（ミカン）類も多くは秋～冬に果実が熟す。

ちぎるとユズの香りがする
×0.6
柑橘類は葉柄に翼がつき、ユズは特に大きい

実 大きさや色の違う栽培品種もある（1/5 山口）

フウトウカズラ 冬藤葛

学名：Piper kadsura（ピペル カズラ） 中国名：風藤 ●コショウ科コショウ属 ●常緑つる植物（3～10m）●関東～沖縄 解説 暖地の海岸近くの林に生え、気根で木や岩に登り一面を覆う。初夏に淡黄色の穂状の花をつけ、雌株は11月から冬に赤橙色の果実を穂状にぶら下げてユニーク。葉は長いハート形で、かむとコショウに似た辛みがある。

果序は長さ5～10cm前後（12/24 沖縄） 実

×0.6
×0.3

常緑広葉樹
葉形 不分裂葉
つき方 互生
ふち 全縁

テイカカズラ 定家葛

学名：Trachelospermum asiaticum　中国名：亜洲絡石 ●キョウチクトウ科テイカカズラ属 ●常緑つる植物（3～15m）●本州～九州 解説 低地の林内によく生え、時に植栽もされる。秋はインゲン豆のような長さ20㎝前後の果実をぶら下げ、12～3月に褐色に熟して裂けると、タンポポを大きくしたような種子を飛ばす。冬は日だまりで葉が赤く色づくことがある。

×0.6
ウラ
葉裏の葉脈の網目が目立つことが特徴

地をはう枝の葉は小型で葉脈が目立つ。これは色づいた冬の葉

冬に赤く色づいた枝葉（1/16 川崎）

紅葉 春も古い葉が紅葉する（4/24 山口）

若い実（9/20 神奈川）

×1
種子 長い冠毛でふわりと風に舞う（3/26 神奈川）

ツゲ 黄楊、柘植

学名：Buxus microphylla（ブクスス ミクロフィラ） 　中国名：黄楊 ●ツゲ科ツゲ属 ●常緑低木（0.5～5m）●関東～沖縄 解説 イヌツゲとよく混同されるが、本種は葉が対生し、夏～秋に果実が褐色に熟して裂ける。石灰岩地などにまれに生え、葉の広い園芸種のボックスウッドとともに生垣や庭木にされる。日なたの葉は冬にオレンジ色に色づくことが多い。

×1
先が凹む

◀ボックスウッド。冬に色づいた葉

実 3本の角（花柱）がある蒴果（7/31 神奈川）

アリドオシ 蟻通

学名：Damnacanthus indicus（ダムナカンツス インディクス） 中国名：虎刺、伏牛花 ●アカネ科アリドオシ属 ●常緑低木（0.2～1m）●関東～沖縄 解説 長さ2～3㎝前後の葉と、その基部につくアリをも通しそうな細いトゲが特徴。秋に赤い果実が熟し、翌夏まで残ることもある。葉は変異が多く、オオアリドオシ、ホソバオオアリドオシなどの変種に分けられる。

実 ホソバオオアリドオシの果実（11/26 大阪）

×1
▼狭義のアリドオシ

▼オオアリドオシ

クチナシ 梔子

学名：Gardenia jasminoides（ガーデニア ヤスミノイデス） 中国名：梔子、山黄梔 ●アカネ科クチナシ属 ●常緑低木（1～4m）●東海地方～沖縄（関東以西で植栽） 解説 低山の林に生え、初夏の白花は芳香が強く美しく、庭木や生垣にされる。11～12月に果実が黄橙色に色づき、熟しても口が開かないことが名の由来。果実は黄色の天然着色料として利用される。

×0.5
側脈が凹んで目立つ
枝先の芽は細くとがる
×1
がく
実
断面は六角形状

ヤドリギ 寄生木、宿木

学名：Viscum album（ウィスクム アルブム） 中国名：槲寄生 ●ビャクダン科ヤドリギ属 ●常緑低木（0.3～0.8m）●北海道～九州 解説 名の通り、ケヤキやブナ、ミズナラなどの落葉広葉樹上に寄生し、丸く枝葉を広げる。秋に淡黄色の果実が熟し、冬もよく残る。果実を口にすると強力な粘りがあり、この粘液で種子が樹上に付着して発芽する。

赤実の品種アカミヤドリギも混在する（2/20 広島）

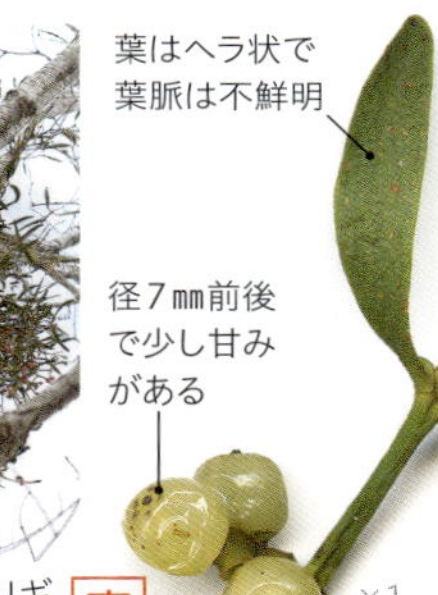
葉はヘラ状で葉脈は不鮮明
径7㎜前後で少し甘みがある
実
×1

ネズミモチ 鼠黐

学名：Ligustrum japonicum（リグストルム ヤポニクム） 中国名：日本女貞 ●モクセイ科ネズミモチ属 ●常緑低木（2～5m）●関東～沖縄 解説 秋に黒紫色に熟す果実がネズミのフンに似て、葉がモチノキに似ることが名の由来。暖かい林に生え、生垣や庭木にされる。よく似た中国原産のトウネズミモチも植栽され、葉や丈が大型で、野生化していることも多い。

葉は長さ4～9㎝
ウラ
×0.5
側脈は不明瞭
×1
実
色づき始めの果実
▼トウネズミモチ
葉は長さ6～12㎝
側脈は明瞭

実 ネズミモチの実は楕円形。古い葉が黄葉している（11/23 神奈川・鶴巻温泉）

実 トウネズミモチの実は球形（10/24 名古屋）

花 ネズミモチの花。初夏に咲く（7/8 埼玉）

常緑広葉樹 葉形 不分裂葉 つき方 対生 ふち 全縁

モクセイ 木犀

学名：Osmanthus fragrans（オスマンツス フラグランス）　中国名：木犀　●モクセイ科モクセイ属　●常緑小高木（2～7ｍ）●中国原産（本州以南で植栽）

解説　9～10月に咲く秋の花として知られ、花がオレンジ色のキンモクセイ、白色のギンモクセイ、薄黄色のウスギモクセイの3変種がある。特にキンモクセイは香りが強く、庭や公園などに多く植えられている。

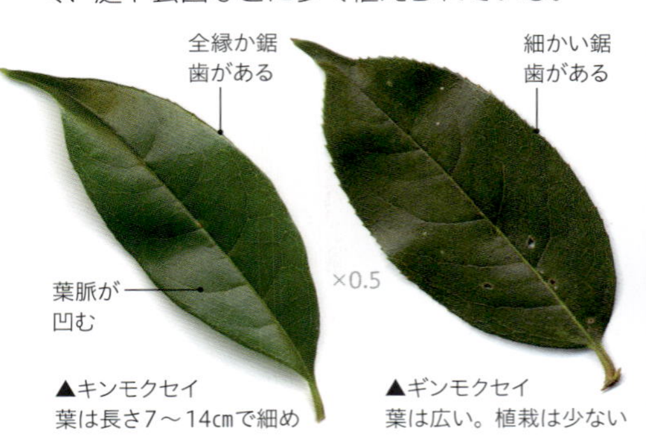
全縁か鋸
歯がある
細かい鋸
歯がある
葉脈が
凹む
×0.5

▲キンモクセイ
葉は長さ7～14cmで細め

▲ギンモクセイ
葉は広い。植栽は少ない

花　丸く刈り込まれて公園に植えられたキンモクセイ。花は甘い芳香を周囲に放つ（10/1 山口）

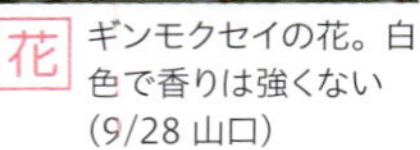

花　ギンモクセイの花。白色で香りは強くない（9/28 山口）

花　ウスギモクセイの花。葉はキンモクセイとほぼ同じ（10/2 長崎）

ヒイラギ 柊

学名：Osmanthus heterophyllus（オスマンツス ヘテロフィルス）　中国名：柊樹、異葉木犀　●モクセイ科モクセイ属　●常緑小高木（2～7ｍ）●東北南部～九州

解説　庭木や生垣にされ、11～12月に香りのある白花が咲く。葉にトゲ状の鋸歯が3～5対あり、老木は全縁の葉が増える。よく似たヒイラギモクセイ（本種とギンモクセイの雑種）は葉が広くトゲは6～10対。

◀ヒイラギ
▼ヒイラギ
モクセイ
×0.5

花　ヒイラギの花と鋸歯のない葉（12/2 山口）

マサキ 柾、正木

学名：Euonymus japonicus（エウオニムス ヤポニクス）　中国名：日本衛矛、冬青衛矛　●ニシキギ科ニシキギ属　●常緑低木（1.5～6ｍ）●北海道～沖縄

解説　海岸林に生え、生垣や庭木にされる。秋～冬にマユミに似た果実が紅色に熟し、裂けて朱色の種子を出す。葉に白や黄色の斑が入った栽培品種も多い。つるになるツルマサキの果実や葉もよく似ている。

鋸歯は
鈍い
×0.5
裂開前の果実
枝は緑色
×1

実　4裂する。初夏の花も4弁（12/28 山口）

センリョウ 千両

学名：Sarcandra glabra　中国名：草珊瑚　●センリョウ科センリョウ属　●常緑低木（0.5～1.5m）●関東南部～沖縄　解説 秋、枝先につく4枚の葉の中央に、赤い実がかたまってつく。名はマンリョウより実が少ないためと思われる。暖地の常緑樹林内に生え、庭木にされる。実が黄色い品種キミノセンリョウもある。

葉は長さ9～15㎝。鋸歯は粗い
×0.4

キミノセンリョウ（12/27 広島）

実 鳥がよく食べる（10/27 山口）

アオキ 青木

学名：Aucuba japonica　中国名：青木、東瀛珊瑚　●アオキ科アオキ属　●常緑低木（1～3m）●北海道～沖縄　解説 低地や低山の暗い林内によく生え、庭や公園にも植えられる。長さ10～25㎝の大きな葉と緑色の枝が特徴で、葉に斑が入る栽培品種も多い。雌株は12～5月にかけて赤い実をつけよく目立つ。

×0.4
虫こぶ

実 長さ約2㎝（3/21 神奈川）

タマバエが寄生した果実（3/19 東京）

サンゴジュ 珊瑚樹

学名：Viburnum odoratissimum　中国名：珊瑚樹　●ガマズミ科ガマズミ属　●常緑小高木（3～15m）●関東南部～沖縄　解説 8～10月に熟す実がサンゴのように赤く鮮やかなことが名の由来。暖地の林に生え、生垣や庭木、公園樹にされる。葉は長い楕円形で、秋にいくらかの古い葉が鮮やかな赤や黄色に紅葉して落ちる。

鋸歯は鈍いかほぼ全縁
×0.4
×1

紅葉

実 完熟した果実から黒くなる（8/15 広島）

ヤブコウジ 藪柑子

学名：Ardisia japonica　別名：ジュウリョウ（十両）中国名：紫金牛　●サクラソウ科ヤブコウジ属　●常緑低木（0.1～0.2m）●北海道～九州　解説 樹高10㎝あまりの小さな木で、秋に赤い実を少数ぶら下げ、冬も残る。地下茎を出して林内に群生し、庭木や正月飾りにもされる。葉は4枚前後がほぼ1カ所から出る。

実 実が少ないので十両の名も（12/16 神奈川）

葉は長さ3～12㎝
果実は径6㎜前後
×1

フユイチゴ 冬苺

学名：Rubus buergeri（ルブス ビュルゲリ） 中国名：寒莓 ●バラ科キイチゴ属 ●常緑匍匐性低木（0.1〜0.5m）●関東〜九州 解説 10月後半から1月に赤い果実が熟し、冬に食べられる嬉しいキイチゴ。茎は長く地をはい、低山の林で群生する。葉は浅く3〜5裂するか不分裂で、枝葉にトゲがある。よく似たミヤマフユイチゴは葉が小型で先がとがる。

×0.3

×1

実 地際で赤い集合果をつける（10/25 山口）

カクレミノ 隠蓑

学名：Dendropanax trifidus（デンドロパナクス トリフィドゥス） 中国名：三裂樹参、三菱果樹参 ●ウコギ科カクレミノ属 ●常緑小高木（3〜10m）●関東〜沖縄 解説 庭や公園に植えられ、暖地の林内に自生する。若木は3裂、成木では不分裂の葉が多く、常緑樹だが古い葉は秋に鮮やかな赤橙〜黄色に紅葉して落ちる。果実も秋に黒紫色に熟す。

紅葉 古い葉が紅葉（12/5 名古屋）

紅葉 ×0.3

実（12/21 山口）

ヤツデ 八手

学名：Fatsia japonica（ファツィア ヤポニカ） 別名：テングノハウチワ（天狗羽団扇）中国名：八角金盤 ●ウコギ科ヤツデ属 ●常緑低木（1〜3m）●関東〜沖縄 解説 巨大な手のひらのような葉が印象的で、覚えやすい木。低地の林内に生え、庭や公園にも植えられる。11〜12月にウコギ科特有の白花をつけ、よく目立つ。チョウやハチがいないこの時期の花には、ハエやアブがよく集まる。

花 花期のヤツデ。大きな円錐花序に、小さな花が丸く集まった花序を多数つける（11/14 島根・松江）

葉は径20〜40cmで7〜11裂する

×0.2

花 両性花。左は雌性期、右は雄性期（12/25 山口）

実 果実は春に黒紫色に熟す（4/26 山口）

ナンテン 南天

学名：Nandina domestica　中国名：南天竹　●メギ科ナンテン属　●常緑低木（1～3ｍ）●中国原産（関東～九州で自生状）

解説 秋に熟す赤い果実が美しく、よく庭木にされるほか、人家周辺の林内にも生える。葉は３回状羽状複葉で、１枚の葉全体の長さは50㎝前後。秋～冬は日なたの葉がしばしば赤く色づくが、春に緑色に戻る。

×0.2
11月に赤く色づいた葉。これは葉が小さな栽培品種

実 円錐果序に径約８㎜の実がつく（12/9 神奈川）

ヒイラギナンテン 柊南天

学名：Berberis japonica　中国名：臺灣十大功勞　●メギ科メギ属　●常緑低木（0.5～２ｍ）●台湾・中国原産（関東以西で植栽・野生化）

解説 葉にヒイラギに似たトゲがあるが、羽状複葉であることが違い。ナンテン同様に、秋～冬に日なたの葉がしばしば赤く色づく。これは何らかのストレスによるためで、通常は暖かくなると緑色に戻る。

赤く色づいた葉。裏は緑色
ウラ
×0.25
紅葉 花 春に黄花が咲く（3/9 神奈川）

シマトネリコ 島梣

学名：Fraxinus griffithii　別名：タイワンシオジ（台湾塩地）中国名：光蠟樹、白雞油　●モクセイ科トネリコ属　●常緑高木（4～15ｍ）●沖縄～中国・インド原産（関東以西で植栽）

解説 涼しげな常緑樹として人気を集め、庭や店舗、街路などによく植えられる。秋は翼のある実が褐色に熟す。東京では半常緑状で、黄葉して落ちる葉も多い。

小葉はふつう4～5対
×0.2
若い実（8/5 沖縄）
実 紅葉（12/5 東京）

ムベ 郁子

学名：Stauntonia hexaphylla　別名：トキワアケビ（常盤木通）　中国名：野木瓜　●アケビ科ムベ属　●常緑つる植物（３～10ｍ）●東北南部～沖縄

解説 沿海の林に生え、時に庭木や生垣にされる。小葉７枚前後の掌状複葉で、裏は網目状の脈が目立つ。10～11月に果実が赤紫色に熟し、アケビと異なり裂けずに落ちる。

×0.2
実（11/16 広島）
果実の断面。ゼリー状で甘い

樹木コラム

秋の高山で出あう木々

標高2000m級以上の高山や北海道の山地では、厳しい環境のため背の高い森林ができず、いわゆる高山植物の低木林や草原が広がります。紅葉の主役はウラジロナナカマド、ナナカマド、ダケカンバ、ミネカエデなど。紫外線が強いため鮮やかに色づき、常緑樹のハイマツやシラビソ類との対比も映えます。風車のような実がユニークなチングルマ、まっ白な実のシラタマノキ、ブルーベリーそっくりの実がなるクロマメノキなど、樹高10cm前後の矮性（わいせい）低木も豊富です。

ウラジロナナカマド
（バラ科ナナカマド属）

▶p.137

ダケカンバ
（カバノキ科カバノキ属）

▶p.67

ミネカエデ
（ムクロジ科カエデ属）

▶p.24

オガラバナ
（ムクロジ科カエデ属）

ハイマツ
（マツ科マツ属）

オオシラビソ
（マツ科モミ属）

チングルマ
（バラ科ダイコンソウ属）

シラタマノキ
（ツツジ科シラタマノキ属）

クロマメノキ
（ツツジ科スノキ属）

Conifer 針葉樹

針葉樹の多くは、常緑樹で三角形のシルエット。
広葉樹のような紅葉はほとんど見られませんが、
青々としげる葉は、赤や黄色の紅葉を引き立てます。
大小さまざまな松かさが熟すのも秋。
晴れた日に人知れず松かさをそっと開き、
タネをこぼしています。

大雪山に広がるアカエゾマツやエゾマツの針葉樹林（9/26 北海道）

イチョウ 銀杏、公孫樹

学名：Ginkgo biloba（ギンクゴ ビロバ）
中国名：銀杏
- イチョウ科イチョウ属
- 落葉高木（10～30ｍ）
- 中国原産（各地で植栽）

実
×1
種子は堅い殻に覆われる
淡黄色の皮の部分は悪臭があり、かぶれることもある
中央に切れ込みが入る葉
×0.5
徒長枝やひこばえでは、深く切れ込んだ葉も多い
通常は切れ込みがない葉が多い
×0.5

樹皮
縦に裂け、指で押さえると弾力がある

解説 独特の扇形の葉をもつイチョウは、針葉樹ではないが分類上は針葉樹と同じ裸子植物で、幹が直立して三角樹形になる点も似ている。秋の黄葉は都市部でも鮮やかに色づき、澄んだ黄色の美しさは日本の黄葉で一番といってよい。雌株は黄葉の頃に実（銀杏）もつけ、食用にされる。性質も丈夫なので、街路や社寺、公園によく植えられ、日本一街路樹本数が多い木でもある。

紅葉 散り始めのイチョウ並木は秋のハイライト。樹上も落ち葉も美しい（11/14 広島・修道大学）

紅葉 老木では枝がやや垂れて丸い樹冠になる（12/6 東京・目黒不動尊）

紅葉 街路樹は刈り込まれた狭長な樹形が多い（12/7 東京・神保町）

●冬芽が芽吹くまで

冬芽
褐色の半球形。葉痕の中に2つの点（維管束痕）がある

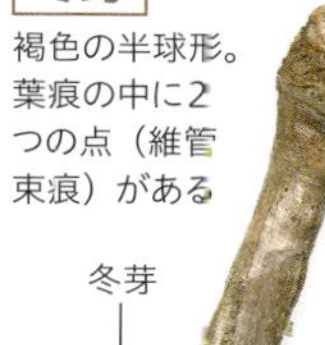
冬芽
×1.2
葉痕（ようこん）

芽吹 丸まっていた幼い葉が開く（4/17 広島）

芽吹 芽吹きの黄緑色で染まる（4/20 広島）

●花と実

雄花
雄株は穂状の白い雄花をつける（4/25大阪）

胚珠（はいしゅ）（5/27富山）

雌花
雌株は2～3㎜の胚珠が2個ついた雌花をつける（4/24 岐阜）

若い実 短枝に実と葉が束につく（7/10 広島）

実 10～11月に黄色く熟して落下する（11/14 広島）

イチョウのオスとメス

樹木には、サクラのように雌雄の区別がない木もあれば、イチョウのように雄株（おかぶ）と雌株（めかぶ）の区別がある木もあります。イチョウの雌株は、秋にギンナンをつけますが、犬のフンのような悪臭を放ち厄介なので、街路樹の大半は雄株が植えられています。雄株は葉が切れ込み、雌株は切れ込まない、雌株は枝から乳（ちち）が出る、などの俗説もありますが、実際は木が大きくなって開花するまで雌雄の区別は困難といわれています。

枝から乳と呼ばれる突起が垂れる個体もある（2/5 東京）

木の下でつぶれたギンナン。（11/28 山口・徳山）

メタセコイア Metasequoia

学　名：Metasequoia glyptostroboides
別名：アケボノスギ（曙杉）　中国名：水杉
●ヒノキ科メタセコイア属　●落葉高木（15～40ｍ）●中国原産（各地に植栽）（解説）針葉樹には珍しく、鳥の羽のような柔らかな葉をつける。秋は淡いオレンジ～レンガ色に紅葉し、次第に色濃く褐色化してゆき美しい。実も10～11月頃に褐色に熟す。

紅葉　整った三角樹形で大木になり、並木道や公園、学校によく植えられる（12/2 山口・維新公園）

枝や葉は
対生する
×0.8
×1

実　実は楕円形で長さ2㎝前後。ばらけない

樹皮　樹皮は縦に裂け、うねが目立つ

成葉　夏の葉は明るい黄緑色（8/18 山口）

ラクウショウ 落羽松

学名：Taxodium distichum　別名：ヌマスギ（沼杉）　中国名：落羽杉　●ヒノキ科ラクウショウ属　●落葉高木（10～30ｍ）●北米原産（各地に植栽）（解説）メタセコイアに似るが、枝葉が互生し、水辺に植えられた個体は幹の周囲に膝根と呼ばれる呼吸根を出すことが大きな違い。紅葉はメタセコイア同様だが、やや色が濃い印象がある。

紅葉　左右の赤褐色の木がラクウショウ。メタセコイアと異なり円柱状の樹形（12/2 東京・上野公園）

枝や葉は互生し、
葉はメタセコイア
よりやや短い
×0.8
×1

実　実は球形で径2～3㎝。秋に種子をこぼした後にばらける

実　実は集まってつく（12/2 東京）

膝根　膝状の根で呼吸をする（4/1 岡山）

カラマツ 唐松

学名：Larix kaempferi（ラリフス ケンプフェリ）

別名：ラクヨウショウ（落葉松）

中国名：日本落葉松

- マツ科カラマツ属
- 落葉高木（10～35ｍ）
- 東北南部～中部地方（主に北海道・本州で植栽・野生化）

×0.8

葉先は触れても痛くない

短枝に数十本の葉が束生する

短枝

長枝

（解説）日本産針葉樹唯一の落葉樹で、秋は黄色く紅葉し、次第に黄褐色へと色濃くなり美しい。本来の自生地は、本州中部の山岳地帯の陽地だが、木材生産や防風用に寒地で広く植林され、特に北海道や東北、長野周辺で多く見られる。一方、東京などの暖地では見られない。葉は針状だが柔らかく、明るい緑色で夏も爽やかな印象がある。秋は松かさも熟し、枝に長く残る。

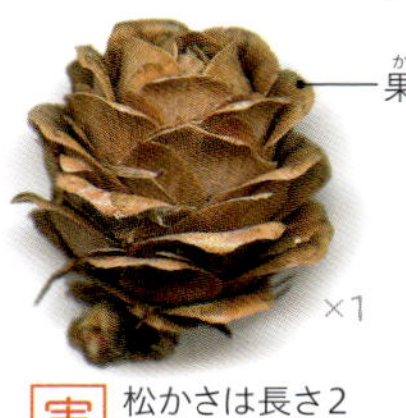
果鱗
×1

実　松かさは長さ2～3.5㎝。果鱗の先は反る

芽吹　(4/13 広島)

紅葉　黄色く染まったカラマツ植林地。植林面積はスギ、ヒノキに次いで3位（11/3 長野・上伊那）

樹皮　縦～網目状に裂け、アカマツにやや似る

実　松かさは9～10月頃熟す（9/24 北海道）

紅葉　防風用に列植されたカラマツ。幹は直立して三角樹形になる（11/13 山梨・忍野）

マツ類 松

学名：Pinus spp.
中国名：松
●マツ科マツ属
●常緑高木（3～35ｍ）
●北海道～沖縄

果鱗
種子
×1
翼
種子 果鱗のすき間に2個ずつ入り、回転して落ちる

松かさは長さ3～6㎝ **実** ×0.8

触れても痛くない
×0.8
触れると痛い

▲▶クロマツ
学名：P. thunbergii
葉は長さ8～15㎝

▼▶アカマツ
学名：P. densiflora
葉は長さ6～12㎝

2本の葉が束になる

×0.8

実 松かさは長さ2～5㎝。クロマツよりやや小さい以外はほぼ同じ

(解説) 一般にマツと呼ばれるのは、山に多くて幹が赤いアカマツと、海辺に多くて幹が黒いクロマツの２種。いずれも庭や公園にも植えられ、植林されたものも多い。葉は針状で２本が束になり、秋は古い葉が黄葉して落ちるが目立たない。マツ科の実（松かさ・松ぼっくり）は球果と呼ばれ、秋に熟して開く。ただし、マツの球果は一年中枝についているので、季節感は感じない。

樹形 アカマツの自然樹形。幹の上部ほど樹皮がよくはがれ、赤みが目立つ（8/30 宮城・松島）

樹形 剪定されたクロマツの人工樹形（7/12 東京）

実 アカマツ。枝の分岐点ごとに前年の松かさが残る（3/21 山口）

樹皮 アカマツは赤褐色で網目状に裂ける

樹皮 クロマツは黒褐色で網目状に裂ける

●冬芽から開花・結実まで

冬芽 アカマツは赤茶色でガサガサ

冬芽 クロマツは白っぽくて滑らか

雄花の花芽がついたクロマツ

雄花 雄花は束になって多数つく

クロマツの雄花を指で揺すったところ。大量の花粉を風で飛ばす（4/18 山口）

芽吹 左がアカマツ、右がクロマツの芽吹き。枝がまっすぐ伸びた後、葉が伸び始める（4/8 広島）

花 新芽の先端に雌花が咲く。基部の褐色の穂は花粉を飛ばし終えた雄花（5/4 山口）

雌花 紅紫色で長さ6㎜前後。松かさの形をしている

若い実 翌年の春。松かさはまだ2㎝程度で小さい。上は雄花の蕾（4/18 山口）

大きくなり熟し始めた松かさ（8/11 山口）

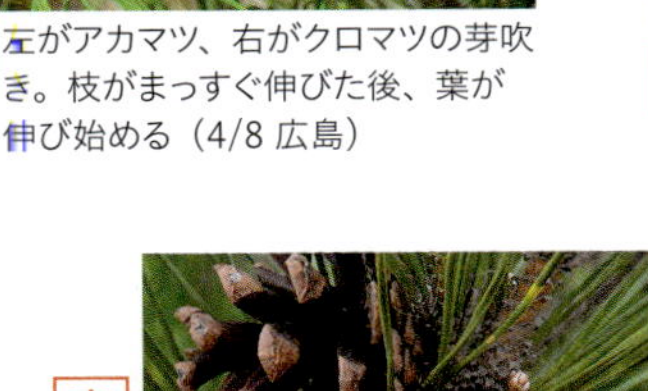

実 秋に熟して種子を飛ばし終えたクロマツの松かさ。このまま何年か枝に残る（5/7 山口）

●マツの自生環境

山地 野生のアカマツは尾根や岩場などのやせ地に多い。幹が比較的まっすぐで、すらりとした樹形が多い。別名メマツ（1/6 広島・宮島弥山）

海岸 野生のクロマツは海岸のシイ・タブなどの常緑樹林に生える。幹が屈曲した樹形も多く、力強い印象がある。別名オマツ（4/1 神奈川・真鶴）

ゴヨウマツ 五葉松

学名：Pinus parviflora（ピヌス パルウィフロラ） 　中国名：日本五針松　●マツ科マツ属　●常緑高木（2～25m）●北海道～九州　解説 深山の尾根に生え、葉は5本ずつ束になる。成長が遅く、庭木や盆栽に重宝される。秋は古い葉が落ち、松かさが熟す。葉が短い西日本の個体を変種ヒメコマツ、葉も松かさも長い北日本の個体を変種キタゴヨウに分けることもある。

葉は長さ
3～10㎝
×0.5

実 松かさはさ4～10㎝（10/11 山形）

樹形 古い葉が黄葉している（10/18 山梨）

ダイオウマツ 大王松

学名：Pinus palustris（ピヌス パルストリス） 　別名：ダイオウショウ（大王松）　中国名：長葉松　●マツ科マツ属　●常緑高木（10～30m）　●北米原産（本州以南で植栽）　解説 大王の名にふさわしく、葉も松かさも日本で見られるマツでは最大級になる。葉は3本ずつ束になる。時に社寺や公園、庭に植えられる。

葉はやや垂れる（11/20 山口）

×0.3

葉は長さ 20～30㎝

実 松かさは長さ15～20㎝（10/26 京都）

ヒマラヤスギ Himalayan杉

学名：Cedrus deodara（ケドルス デオダラ） 　別名：ヒマラヤシーダー（Himalayan Cedar）中国名：雪松　●マツ科ヒマラヤスギ属　●常緑高木（10～35m）●ヒマラヤ原産（各地で植栽）　解説 青白い葉がやや垂れ気味の枝につく。秋は松かさが大きく熟し、種子を飛ばすと11～1月頃にばらけて果鱗（かりん）が落ちる。花は10～11月に咲き、雄花が目立つ。

頂部の果鱗。シダーローズと呼ばれる
×0.5
×0.5
葉は束につき、触ると痛い
果鱗

樹形 ヒマラヤスギ（12/19 神奈川）

雄花 蕾（10/25 愛媛）落花（12/9 神奈川）

実 松かさは長さ8～13㎝と大型（10/26 京都）

樹皮 暗い灰褐色で、縦～網目状に裂ける

モミ 樅

学名：Abies firma　中国名：日本冷杉 ●マツ科モミ属 ●常緑高木（15～35m）●本州～九州 解説 山地の尾根や神社などに見られ、大木になる。秋は松かさ（球果）が熟し、ばらけて種子と果鱗が落ちる。葉は先が二叉に分かれる。葉裏がより白いウラジロモミが本州の山地上部に分布し、都市部の植栽やクリスマストゥリーに使われる。

×0.6
実
果鱗
葉先は2本に分かれてとがるか鈍い
×1
ウラ×1
裏は2本の白い気孔線がある
種子
風に舞う

実 斜め上に伸ばした枝の上に、褐色の松かさが見える。松かさがなるのは約3年に一度（11/4 広島・宮島）

若い実 松かさは8～13cm（7/16屋久島）

樹皮 やや白っぽく、老木は網目状に裂ける

ツガ 栂

学名：Tsuga sieboldii　中国名：鐵杉（※属名）●マツ科ツガ属 ●常緑高木（10～30m）●東北南部～九州 解説 モミと交じって山地の岩場などに生える。葉の先は鈍く凹み、長短の葉が交互につく。秋は小型の松かさが熟す。樹皮はアカマツにやや似る。標高2000m級の山地では、葉や松かさが小型のコメツガに置き換わる。

ウラ×1
裏は白い気孔線が2本ある
×0.6
×1
先は凹む
松かさは長さ2～3cm

実 松かさは熟してもばらけない（10/12 愛媛）

ドイツトウヒ 独逸唐檜

学名：Picea abies　別名：ヨーロッパトウヒ　中国名：挪威雲杉 ●マツ科トウヒ属 ●常緑高木（5～30m）●ヨーロッパ原産（主に北日本で植栽）解説 公園や庭に植えられ、樹形のよい若木はクリスマストゥリーによく使われる。秋に熟す松かさは非常に長く、鳩時計にぶら下げるおもりで知られる。葉は先がとがり、表裏の区別はない。

×0.6
×0.3
松かさは10～20cm
ウラ×1

成木の枝は垂れ、松かさも垂れる（7/1 札幌）実

コウヤマキ 高野槇

学名：Sciadopitys verticillata　別名：ホンマキ（本槇）　中国名：金松　●コウヤマキ科コウヤマキ属　●常緑高木（5～30m）　●東北南部～九州　解説 葉は独特の棒状で、先は鈍く凹む。山地の岩場にまれに生え、整った三角樹形で成長は遅く、高級な庭木にされる。松かさは長さ8～12㎝で枝先につき、秋に熟す。若い松かさも独特。

葉は長さ6～13㎝。先は凹む
×0.5

若い実（10/12 愛媛）

実 開いた松かさ（12/18 広島）

イヌマキ 犬槇

学名：Podocarpus macrophyllus　別名：マキ（槇）　中国名：羅漢松　●マキ科マキ属　●常緑高木（3～20m）　●関東～沖縄　解説 刈り込んで庭や生垣によく植えられ、海岸林に自生する。葉は長さ4～15㎝で、特に短いものは変種ラカンマキと呼ぶ。実は2個の串刺し団子のような形で、赤～黒紫色に熟した部分は甘く食べられる。

先に触れても痛くない
×0.5
果床（可食）
種子
×1

ラカンマキ。10～12月に熟す（12/25 山口） 実

ナギ 梛

学名：Nageia nagi　中国名：竹柏　●マキ科ナギ属　●常緑高木（5～20m）　●紀伊・四国・九州・沖縄など（関東以西で植栽）　解説 広葉樹のような広い葉をもつ針葉樹で、神社などに植えられる。葉は対生し、ネズミモチに似るが、葉脈が平行に多数走るので区別できる。実は径約1.5㎝の球形で、はじめ白粉をかぶり、秋に紫褐色に熟す。

×0.5
平行に脈が並ぶ
×1
ウラ

実 熟した実（1/7 奈良）

若い実 実をつけた雌株（7/21 川崎）

ゴールドクレスト Goldcrest

学名：Cupressus macrocarpa 'Goldcrest'　中国名：柏木（※属名）　●ヒノキ科イトスギ属　●常緑小高木（1～10m）　●原種は北米原産（本州以南で栽培）　解説 モントレーイトスギの栽培品種で、クリスマスの鉢植えやコニファーとして庭木にされる。葉はウロコ状かやや針状で蛍光黄緑を帯び、秋～冬は黄葉したように黄色みが強くなる。

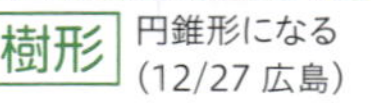

樹形 円錐形になる（12/27 広島）

▼晩秋の葉
▼夏の葉
×1

ヒノキ 檜

学名：Chamaecyparis obtusa（カマエキパリス オブツサ） 　中国名：日本扁柏 ●ヒノキ科ヒノキ属 ●常緑高木（10～30m）●東北南部～九州 解説 最高級の建築材として広く植林される。チャボヒバなどの栽培品種も多く、庭や公園にも植えられる。葉は小さなウロコ状で鱗状葉と呼ばれ、裏にY字形の白い気孔線がある。秋に実が褐色に熟し、翼のある種子をこぼす。

ウラ×0.6
葉裏の気孔線はY字形
×1

実 径1cm前後の球形（12/16 神奈川）

サワラ 椹

学名：Chamaecyparis pisifera（カマエキパリス ピシフェラ） 　中国名：日本花柏 ●ヒノキ科ヒノキ属 ●常緑高木（10～30m）●本州・九州 解説 ヒノキに似るが、葉裏の白い気孔線がX字形に見えることが区別点。木材は風呂桶やお櫃に使われ、時に少数植林され、神社や公園にも植えられる。シノブヒバなどの栽培品種も多い。秋に熟す実はヒノキより小型。

樹形 サワラとヒノキの植林地（12/16 神奈川）

実 長さ1cm弱の楕円状

×1

気孔線はX字状
ウラ×0.6

コノテガシワ 児手柏

学名：Platycladus orientalis（プラティクラドゥス オリエンタリス） 　中国名：側柏 ●ヒノキ科コノテガシワ属 ●常緑小高木（1～10m）●中国原産（各地で植栽）解説 樹高1～2m程度の栽培品種、オウゴンコノテガシワがよく庭や公園に植えられている。枝葉は垂直方向に手を広げたようにつくことが特徴。青白いこんぺい糖のような実がつき、秋に褐色に熟して裂ける。

表裏の区別はなく、気孔線はない
×0.6

若い実

×1

実 裂けた実。種子が見える（2/17 広島）

カイヅカイブキ 貝塚伊吹

学名：Juniperus chinensis 'Kaizuka'（ジュニペルス チネンシス

中国名：龍柏 ●ヒノキ科ビャクシン属 ●常緑小高木（2～8m）●原種は北海道～九州 解説 海岸に自生するイブキの栽培品種で、ウロコ状の葉が枝に密着し、枝葉は旋回して密集する。刈り込んで庭や公園、街路によく植えられる。実は白いロウ質をかぶった球形で、秋に黒紫色に熟し、裂けない。

実 少し熟し始めた実（9/20 静岡）

×1

若い実

×0.6
断面は丸く、表裏の区別はない

ネズミサシ 鼠刺

学名：Juniperus rigida 別名：ネズ、ムロ（榁）中国名：杜松 ●ヒノキ科ビャクシン属 ●常緑小高木（1～12m）●本州～九州 (解説) スギに似るが、葉はまっすぐで長さ1～2.5㎝、3本が1カ所から生える（三輪生）。秋は黒紫～白褐色の実（球果）が熟す。やせた林や尾根に生え、不ぞろいな三角樹形か低木状。盆栽にされる。

触れると痛い
×0.7
径8～10㎜
×1

実 ロウ質をかぶり少し裂ける（12/29岐阜）

コウヨウザン 広葉杉

学名：Cunninghamia lanceolata 中国名：杉木 ●ヒノキ科コウヨウザン属 ●常緑高木（10～30m）●中国・台湾原産 (解説) 社寺や公園に時に植えられる。松かさ（球果）は秋に熟すが枝に長く残り、やがて枝ごと枯れて落ちる。葉は長さ3～7㎝で扁平で、ふちに微細な鋸歯があり、裏は2本の白い気孔線がある。

触れると痛い
×0.7

実 径2～5㎝で褐色（3/28広島）

スギ 杉

学名：Cryptomeria japonica 中国名：日本柳杉 ●ヒノキ科スギ属 ●常緑高木（10～40m）●本州～九州 (解説) 低地～山地まで最も多く植林され、最も背が高くなる木で、社寺や公園、庭にも植えられる。秋は、丸い松かさ状の実が熟し、種子を飛ばした後も長く枝に残る。日なたの葉は冬に赤褐色に色づくことがある。花は1～3月に咲く。

葉は長さ0.5～2㎝のカマ形
雄花の蕾
×0.7

◀色づいた冬の葉

実 実は径約2㎝でトゲがある

×1

種子 風で飛ぶ

樹形 植林されたスギ林。枝葉は入道雲のようにモコモコと丸く集まってつく（10/21神奈川・宮ヶ瀬）

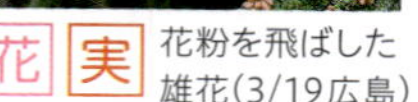

花 実 花粉を飛ばした雄花（3/19広島）

樹皮 褐色で縦に細かく裂ける

カヤ 榧

学名：Torreya nucifera（トレヤ ヌキフェラ） ●イチイ科カヤ属 ●常緑高木（1～30ｍ） ●東北南部～九州 解説 葉はモミなどに似るが、若枝は緑色。枝葉をちぎるとグレープフルーツのような香りがあり、9～10月に熟すマスカットのような実にも同様の香りがある。実の中にアーモンド状の種子があり、炒って食べられ、食用油も採れる。（10/2神奈川）

触れると痛い
種子は堅い
×0.7

実 熟しても緑で、落ちて裂ける（7/21長野）

イヌガヤ 犬榧

学名：Cephalotaxus harringtonia（ケファロタクスス ハリントニア） ●イチイ科イヌガヤ属 ●常緑小高木（1～10ｍ） ●北海道～九州 解説 葉はカヤに似るがやや長く、香りはない。9～10月にブドウのような実が熟し、肉厚な皮の部分は甘みがあり可食だが、種子は食用にされない。「犬」の名には、「似て非なる」「役に立たない」「劣る」「否」などの意味がある。

径2㎝強の液果状で紅紫色（9/28神奈川） 実

触れても痛くない
×0.7

イチイ 一位

学名：Taxus cuspidata（タクスス クスピダタ） 別名：オンコ 中国名：東北紅豆杉 ●イチイ科イチイ属 ●常緑高木（0.5～20ｍ） ●北海道～九州
解説 寒冷な山地に生え、変種のキャラボクとともに北日本を中心に生垣や庭木に多用される。秋に液果（えきか）状の実がなり、赤い皮の部分は甘く食べられるが、種子は有毒なので飲み込まないように。樹皮は赤褐色。

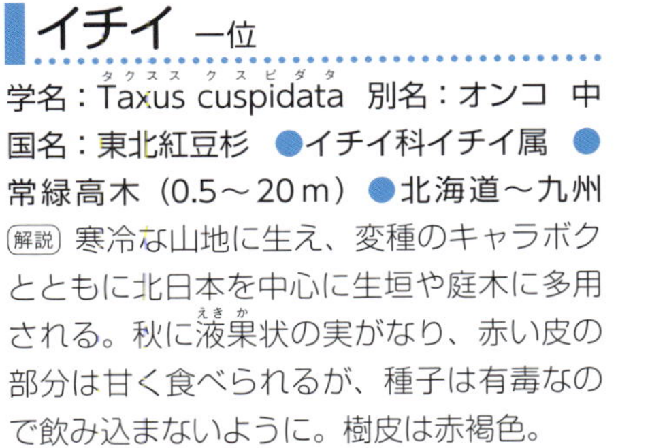

樹形 イチイの自然樹形はやや乱れた三角状。刈り込んで整形して植栽される（6/7岐阜・10/4東京）

触れても痛くない
×0.7
◀通常のイチイ
▲キャラボク。葉はらせん状につく
ウラ×1
裏の気孔線は淡緑色。丸いのは蕾
×1
実は径1㎝弱。中の種子が見える

実 9～10月に赤く熟し美味（10/4東京）

葉 キャラボク。小型で密集する（10/16秋田）

学名さくいん

※属の学名のみ

和名さくいん

※太字は写真掲載種、細字は別名・文中紹介種

ニ

ヌ

ネ

ノ

ハ

ヒ

フ

ヘ

ホ

P.146のクイズの答え：サクランボ、ビワ、モモは夏が旬。イチジクは夏～秋が旬

【著者紹介】
林 将之（はやし・まさゆき）
樹木図鑑作家。編集デザイナー。
樹木鑑定webサイト「このきなんのき」管理人。
1976年、山口県田布施町生まれ。千葉大学園芸学部緑地・環境学科卒業。大学で造園設計を勉強中に、既存の樹木図鑑が分かりにくいことに疑問を抱き、葉で木を見分ける方法を独学し始める。出版社勤務後に独立し、全国の森をめぐり葉のスキャン画像を収集。分かりやすく木や自然を伝えることをテーマに、自ら編集・デザインを手掛け図鑑制作に取り組む。主な著作に
『葉で見わける樹木』（小学館）
『山溪ハンディ図鑑14 樹木の葉』（山と溪谷社）
『樹皮ハンドブック』（文一総合出版）
『紅葉ハンドブック』（文一総合出版）
『冬芽ハンドブック（共著）』（文一総合出版）
『おもしろ樹木図鑑』（主婦の友社）
『葉っぱで気になる木がわかる』（廣済堂出版）
『葉っぱはなぜこんな形なのか？』（講談社）など。

【スタッフ】
カバーデザイン／吉名昌（はんぺんデザイン）
本文デザイン・編集／林 将之
編集統括／森基子（廣済堂出版）

【写真協力】
福田正（カジカエデ実、キリ実・若実、コゴメウツギ実、シロヤマブキ黄葉、タカノツメ実）、林涼子（クロマツ若実、キハダ実、ケヤマウコギ実）、小田嶋晴子（ブナ実・殻斗）、香川鏡子（アキニレ花、ハルニレ実）、佐々木知幸（アカシデ実、イヌブナ実）、高橋よしお（オニグルミ実、ナナカマド冬実）、多田弘一（ハナノキ樹形・紅葉）、速水実（アズキナシ実、アラカシ雌花）、吉本悟（ムベ実・断面）、石澤岩央（イチョウ胚珠）、大橋成好（ヤマブキ実）、大原隆明（マンサク実）、木村純子（タラノキ実）、佐々木あや子（ハナノキ実）、佐々木久美子（アケビ実）、西岡愛香（ブドウ実）、日本熊森協会（ブナ熊棚）、水崎貴久彦（イチョウ雌花）、広島市植物公園（取材協力）

【主な参考資料】
『BG Plants 和名－学名インデックス（YList)』（米倉浩司 他／http://ylist.info）
『Flora of China』（http://www.efloras.org/flora_page.aspx?flora_id=2）
『Plants of TAIWAN』（https://tai2.ntu.edu.tw）
『園芸植物大事典』（塚本洋太郎 他／小学館）
『日本花名鑑』（安藤敏夫 他／アボック社）
『山溪ハンディ図鑑 樹に咲く花』（勝山輝男 他／山と溪谷社）
『日本の野生植物』（佐竹義輔 他／平凡社）
『図説 植物用語事典』（清水建美／八坂書房）
『日本原色虫えい図鑑』（湯川淳一 他／全国農村教育協会）
『野鳥と木の実ハンドブック』（叶内拓哉／文一総合出版）
『身近な草木の実とタネハンドブック』（多田多恵子／文一総合出版）
『冬芽ハンドブック』（広沢毅、林将之／文一総合出版）
『ドングリと松ぼっくり』（平野隆久 他／山と溪谷社）
『どんぐりハンドブック』（いわさゆうこ 他／文一総合出版）
『どんぐりの呼び名事典』（宮國晋一／世界文化社）
『松江の花図鑑』（https://matsue-hana.com）

秋の樹木図鑑　紅葉・実・どんぐりで見分ける約400種

2017年10月20日　第1版第1刷
2021年12月10日　第1版第2刷

著　者――――林 将之
発行者――――伊藤岳人
発行所――――株式会社 廣済堂出版
〒101-0052 東京都千代田区神田小川町2-3-13M&Cビル7F
電話　編集　03-6703-0964
　　　販売　03-6703-0962
Fax　販売　03-6703-0963
振替　00180-0-164137
URL　https://www.kosaido-pub.co.jp
印刷・製本――三松堂 株式会社

ISBN978-4-331-52126-7 C0640

ENERGY GREEN
BIOMASS

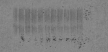